学/者/文/库/系/列

新型碳基-硅异质结太阳能电池：界面调控与载流子动力学

陈姝敏　著

哈爾濱工程大學出版社
Harbin Engineering University Press

内 容 简 介

本书聚焦碳材料与硅基底异质结的前沿交叉领域，系统解析碳/硅界面微结构对光伏性能的调控机制，提出了基于能带工程与载流子动力学的协同优化理论。通过理论分析与实验验证相结合，建立碳/硅异质结的“结构–性能”定量关系图谱，为突破传统硅基电池效率极限提供创新路径。本书旨在从实验和理论上对新型碳功能薄膜材料的制备、表征、生长机理、器件性能、工艺技术等方面进行探索和研究，探讨了新型功能材料的引入对改善器件光电性能的作用；采用适当的热力学和动力学方法分析了 PECVD 沉积二维碳薄膜的机理，设计了具有针对性的实验方法，提出了实验和理论上的解决方案，优化了器件结构，改善了器件性能，为光电器件的新原理、新技术的探索提供了理论和实验依据。

本书适合物理学各专业的研究生、本科高年级学生和研究人员阅读，对相邻学科的学生和研究人员也有参考价值。

图书在版编目(CIP)数据

新型碳基–硅异质结太阳能电池 ：界面调控与载流子动力学 / 陈姝敏著. -- 哈尔滨 ：哈尔滨工程大学出版社，2025. 8. -- ISBN 978-7-5661-4896-4

Ⅰ. TM914.4

中国国家版本馆 CIP 数据核字第 2025XV3501 号

新型碳基–硅异质结太阳能电池：界面调控与载流子动力学

XINXING TANJI–GUI YIZHIJIE TAIYANGNENG DIANCHI：JIEMIAN TIAOKONG YU ZAILIUZI DONGLIXUE

选题策划 邹德萍
责任编辑 刘海霞
封面设计 李海波

出版发行 哈尔滨工程大学出版社
社　　址 哈尔滨市南岗区南通大街 145 号
邮政编码 150001
发行电话 0451–82519989
经　　销 新华书店
印　　刷 哈尔滨市海德利商务印刷有限公司
开　　本 787 mm×1 092 mm　1/16
印　　张 10.25
字　　数 183 千字
版　　次 2025 年 8 月第 1 版
印　　次 2025 年 8 月第 1 次印刷
书　　号 ISBN 978–7–5661–4896–4
定　　价 49.80 元

http://www.hrbeupress.com
E-mail:heupress@hrbeu.edu.cn

目　录

前　言

石墨烯薄膜凭借其优异的电学和光学性质(透过率可达 98%,载流子迁移率可达 $2\times10^5\ cm^2/(V\cdot s)$,电导率可达 $10^6\ S/m$),以及稳定的化学性能,在太阳能电池效率的提高和成本的降低上显示了很大优势。本书从当前石墨烯薄膜的制备与改性,及其在光电-光伏应用中存在的问题(生长工艺复杂、沉积条件苛刻、薄膜质量差、薄膜导电性有待提高等)出发,以生长光电性能优异的二维碳基功能材料和改善半导体-绝缘体-半导体(SIS)结构光伏器件的性能为目标,开展了以下几项研究。首先,利用射频等离子体化学气相沉积(RF-PECVD)技术制备了二维碳基薄膜材料,并系统地讨论了其生长过程中的热力学和动力学机理,同时进行了碳硅异质结器件的制备与光电性能的研究;其次,采用化学气相沉积(CVD)技术制备了高质量的单层石墨烯薄膜,并将其转移到单晶硅上,组装了不同结构的器件,研究了石墨烯薄膜对 SIS 结构光伏器件光电性能的影响;最后,对石墨烯薄膜进行了氮元素掺杂改性,分析了其电子结构和电学性能以及其对器件性能的影响。本书主要研究结果如下:

(1)在不同沉积条件下,采用等离子体化学气相沉积(PECVD)方法分别在不同衬底上沉积得到了不同结构和形貌的碳纳米材料。实验结果表明,采用 PECVD 方法,在无氢气、无催化剂条件下沉积碳材料的过程中,当衬底温度保持在 300~1 000 ℃区间段时,对于碳材料的沉积都是可行的,且降低衬底温度会使所生成的碳材料更易于出现缺陷;低温低压(<500 ℃,<100 Pa)条件不利于石墨烯薄膜的生长;高温高压(>900 ℃,>100 Pa)条件比较利于生成高质量的单层石墨烯薄膜;而在中等温度、中等压强条件下,更容易生成岛状、孤立不连续的碳材料。

(2)系统地研究了影响 PECVD 方法生长碳薄膜材料的各种因素。结果表明:适宜的温度不但可以促进甲烷的分解,提供足够的能量形成成核位点,还能很好地控制碳薄膜材料的生长速率,有助于薄膜的低维生长;沉积时间延长虽然能使薄膜层数增加,有助于薄膜的连续性和均匀性生长,但时间过长,薄膜的结构就会从量变到质变,从石墨烯转换为石墨材料;表面粗糙度适中的衬底既能帮助碳薄膜迅速形成成核中心，又能抑制它的过度成核和往垂直方向的堆叠生长，有利于低维碳薄膜——石墨烯的生长。

(3)从热力学和动力学角度探讨了 PECVD 沉积碳薄膜的机理。结果表明，碳材料的化学气相沉积是复杂的气相化学反应和表面化学反应同时进行的结果。利用 PECVD 方法生长碳材料的沉积条件和参数决定了其反应途径(实现性)和机理的不同，但总的热力学现实性是一定的。本研究中，甲烷的分解主要由热力学因素决定；碳氢自由基的气相反应主要取决于反应动力学因素；石墨烯的成核与生长则由衬底形貌、沉积温度等热力学和动力学因素共同决定。所以，可以通过调节诸如温度、压强和气体浓度等动力学因素来控制反应的路径与速率，进而可以可控地获得不同结构、形貌和功能需求的碳材料。

(4)以甲烷为碳源使用 CVD 方法在铜箔衬底上制备出了大面积高质量的单层石墨烯薄膜，所制备的薄膜具有透过率高、迁移率高和导电性较好等特点。同时，为了结合晶硅太阳能电池器件结构和碳基太阳能电池的优势，将拥有特殊二维柔性结构和优异光电性能的石墨烯很好地耦合到 SIS 结构异质结器件中，解决了界面态与费米能级钉扎的问题，大大改善了短路电流与开路电压，进一步提高了电池的光电转换效率。结果表明，将石墨烯薄膜加到 ITO 和晶硅中间作为缓冲层材料，不仅可以减少界面态，提高载流子的传输与收集，还可以改变其荷电状态，调节内部场，在 SIS 结构器件中起到很好的改性作用。

(5)进行了石墨烯薄膜的掺杂改性方面的研究与探讨，采用原子替换的方式，实现了石墨烯的晶格掺杂，进一步改善了石墨烯薄膜的光电特性，提升了基于掺杂石墨烯薄膜的太阳能电池的光电性能。通过两步法成功地制备了以氮原子为异质原子的氮掺杂石墨烯薄膜，该薄膜表现出明显的 n 型半导体性能，载流子迁移率为 521.8 $cm^2/(V \cdot s)$，成功地将石墨烯的电阻率降到了 $7.26\times10^{-6}\ \Omega \cdot cm$。实验结果表明，在掺氮石墨烯薄膜中，异质元素的进入对其导电性的影响是双重的。同时，掺氮石墨烯薄膜能很好地改善 SIS 结构太阳能电池的光电性能，使其转换效率达到 6.24%。

第1章 太阳能电池基础理论

1.1 引 言

能源是国民经济和国家科技、社会发展的命脉,是可持续发展的基础。目前我国能源供应主要依赖煤炭、石油、天然气等传统化石能源,但化石能源的资源有限性和开发利用所带来的环境问题严重制约着经济和社会的可持续发展。随着社会的发展和科学技术的进步,人们的能源危机意识和环境保护意识逐渐增强,寻求清洁、可再生能源成为当下的焦点。目前,常见的可再生清洁能源有水能、风能、太阳能、地热能、生物能、潮汐能等。而太阳能作为取之不尽、用之不竭的新型能源,是各种可再生能源中最重要的基本能源。据测算,太阳给予地球的能量密度是1 367 W/m^2,这样,地球每天接收的太阳能相当于全世界每年消耗总能量的6 000倍。广义地讲,对太阳能的利用包括间接利用和直接利用。间接利用是指光合作用、潮汐和海洋温差发电等,直接利用包括光热效应和光电效应两个方面。而太阳能电池是太阳能利用的最直接形式,其光电转换效率从最初的不到1%一步步刷新到今天的40%~50%,太阳能电池产业一直保持着日新月异的高速发展。太阳能发电具有清洁无污染、资源普遍和维护方便等特点,符合当今世界环境保护的要求,适应资源日渐短缺的趋势,这使其成为近些年来最具活力的研究领域之一。预计到2030年,可再生能源在总能源结构中将占到30%以上,而太阳能光伏发电在世界总电力供应中的占比也将达到10%以上;到2040年,可再生能源将占总能耗的50%以上,太阳能光伏发电将占世界总电力供应的20%以上;到21世纪末,可再生能源在能源结构中将占到80%以上,太阳能发电将占世界总电力供应的60%以上。这些数字都足以显示出太阳能光伏产业广阔的发展前景及其在能源领域重要的战略地位。

在商业化的太阳能电池市场中,虽然薄膜太阳能电池占比近几年保持着持续增长的态势,但晶体硅太阳能电池仍然占据了市场的主流地位,占有市场份额的 80%以上。目前,虽然晶体硅太阳能电池的光电转换效率已经达到 20%以上,但是制备晶体硅太阳能电池所需的原材料成本偏高、消耗量太大、器件组装工艺复杂等因素,使得晶体硅太阳能电池在民用市场中的普及受到限制。提高效率、降低成本是太阳能电池实现大规模应用亟待解决的问题,也是唯一的出路,因此不断地开发新型光伏材料和新型光伏器件,以及探索新的制备工艺就成了进一步发展和应用太阳能电池的趋势所在。所谓的新型光伏材料,是指有别于传统的晶硅材料的、具有光伏功能的新能源材料。例如,技术上较为成熟的铜铟镓硒(GIGS)、铜锌锡硫等薄膜太阳能电池,以及钙钛矿太阳能电池等。但是随着科学技术的进一步发展,这些新型光伏材料都或多或少存在诸如环境污染、原材料稀缺、成本昂贵等方面的问题。而新型光伏器件是指在太阳能电池的器件结构和工艺上有了新的发展和突破,例如,近几年研究较多的染料敏化太阳能电池、有机太阳能电池、有机/无机杂化太阳能电池、量子点太阳能电池等。然而,这些新型光伏器件也存在诸如性能不稳定、制备工艺复杂、寿命短等方面问题。

2010 年诺贝尔物理学奖揭晓,英国曼彻斯特大学的安德烈·盖姆(Andre Geim)和康斯坦丁·诺沃肖罗夫(Konstantin Novoselov)两位科学家因在石墨烯方面的开创性实验而获奖。从 2004 年石墨烯的多种物理性能被发现,到 2010 年研究石墨烯的科学家斩获诺贝尔物理学奖,石墨烯这一看似普通的新型碳材料在短短的六年时间内创造了一个神话。作为碳材料家族的一位新成员,石墨烯具有独特的单原子层二维晶体结构,集多种优异特性于一体,如超高的载流子迁移率、电导率、热导率、透光性等。同时其具备原材料充足、成本低廉、无污染、制备工艺简单、性能优越等多方面的优势,完全符合新型光伏功能材料或辅助材料的要求。因而,如果能够很好地结合这种性能优越的碳薄膜材料与太阳能电池市场中工艺成熟、性能稳定的晶硅电池的优势,制备出新型光伏材料和新型光伏器件,将会对太阳能电池的发展和应用做出巨大的贡献。本书的核心内容就是在这种思考的驱动下形成的。

1.2　太阳能电池的基本原理

1.2.1　异质结基础理论

异质结(heterojunction)是由两种不同半导体材料(或半导体与其他材料)通过界面接触形成的结结构,其核心特征为界面两侧材料具有不同的禁带宽度(E_g)和电子亲和能(χ)。同质结为同种材料掺杂形成的(如 p-n Si 结),而异质结的能带结构在界面处发生突变,产生能带弯曲(band bending)。按照两种材料的导电类型不同,异质结可分为同型异质结(P-p 结或 N-n 结)和异型异质(P-n 或 p-N)结,多层异质结称为异质结构。通常形成异质结的条件是:两种半导体材料有相似的晶体结构、相近的原子间距和热膨胀系数。按照结构来分,异质结可分为平面异质结和垂直异质结。其中,平面异质结是单层的,而垂直异质结是在垂直方向堆叠形成的,有多层。

异质结能带结构如图 1.1 所示,图 1.1(a)的结构中,由于 B 的价带和导带分别高于和低于 A,因此在光照条件下,A 中的电子和空穴均会聚集在 B 的价带和导带上,不能起到分离作用。图 1.1(c)的结构中,由于 B 的导带位置低于 A 的价带位置,因此 A 中的电子和空穴无法传递到 B 中。仅仅当两种半导体材料的价带、导带位置处于图 1.1(b)所示的时候,才能真正起到电子、空穴有效分离的作用。所以,只有当接触的两种半导体材料之间有合适的价带和导带关系时才能构成异质结。通过调控形貌增加两种半导体材料之间的接触界面,可以制造出核壳结构或者超薄超小的纳米片。而同种半导体材料的不同相也可以组成异质结,也叫异相结。可构建多级异质结,使得电子、空穴层层传递。虽然异质结的构建在一定程度上阻碍了电子、空穴的复合,但该种构建方式使得氧化和还原反应均发生在电位较低的位置,这对电子从 A 向 B 的传递过程也是不利的。虽然 B 的导带电位低,但导带上大量的光激发电子会影响 A 中电子的传递。

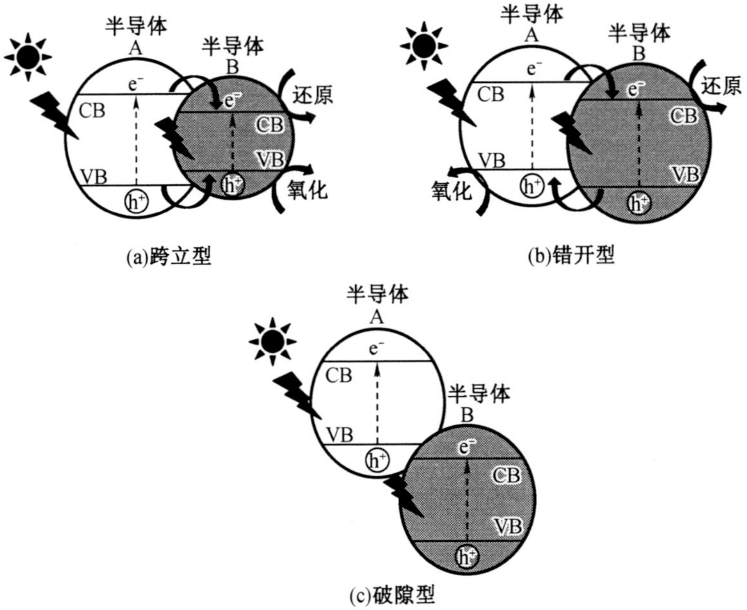

图 1.1　异质结能带结构图

注:CB 指导带,VB 指价带。

1.2.2　太阳能电池

太阳能电池是指借助半导体器件的光伏效应将太阳光的光能转换成电能的一种器件。太阳能电池的基本构造就是半导体的 p-n 结,当光照射到 p-n 结器件上时,光能被半导体吸收,光子的能量将使价带电子跃迁到导带上,产生非平衡载流子,即电子-空穴对。在 p-n 结附近产生的电子-空穴对受到内建电场的作用,电子流入 n 区,空穴流入 p 区,结果使 n 型端储存了过剩的负电荷,p 型端存储了过剩的正电荷,形成与势垒方向相反的光生电场。光生电场除了具有部分抵消势垒电场的作用外,还使 p 区带正电、n 区带负电,在 n 区和 p 区之间的薄层中产生电动势,这就是光伏效应。这时在开路的电极上就能产生一个电压,在闭路时就能形成电流。在太阳光的照射下,这个电流就可源源不断地输出。其工作原理如图 1.2 所示。

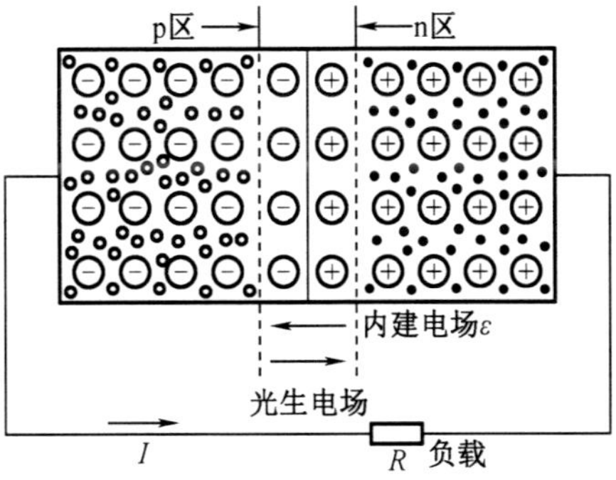

图 1.2　太阳能电池工作原理图

太阳能光电转换的研究和应用最早可追溯到 1839 年,A. E. Becquerel 用光辐照电解池中的银电极时,发现有电压出现。1877 年,W. Adams 和 R. Day 也发现用光辐照硒时会有电流产生。直到 1949 年,在 W. Shockley 等发明了晶体管和解释了 p-n 结的工作原理后,太阳能光电转换的研究才真正开始。到 1954 年,美国贝尔实验室的 D. M. Chapin 和 C. S. Fuller 等成功研制出第一块单晶硅太阳能电池,其光电转换效率达 6%。由此,揭开了现代太阳能电池研究和发展的序幕。随后的研究进展迅速,到今天,随着科学技术的不断发展和进步,太阳能电池的种类和应用范围也得到了多样化的拓展,根据材料的不同可将太阳能电池分为晶体硅太阳能电池、硅基薄膜太阳能电池、多元化合物薄膜太阳能电池、有机薄膜太阳能电池、新材料薄膜太阳能电池等。

1.2.3　异质结太阳能电池

异质结太阳能电池是一种利用晶体硅基板和非晶硅薄膜制成的混合型太阳能电池,英文名称缩写为 HIT(heterojunction with intrinsic thin-layer)电池,中文名称为本征薄膜异质结电池。异质结电池最早由日本三洋公司于 1990 年研发成功,并被注册为商标,后续进入异质结领域的企业为了避免专利纠纷而纷纷采用了不同的称谓,比如 HJT、SHJ、HDT 等,虽然英文名称和缩写略有差异,但是其含义都是本征薄膜异质结电池。HIT 电池一般以 N 型晶硅片为衬底,典型结构如图 1.3 所示:在正面依次为透明导电氧化物膜(TCO)、P 型非晶硅薄膜和本征富氢非晶硅薄膜;在背面依次为 TCO、N 型非晶硅薄膜和本征非晶硅膜。

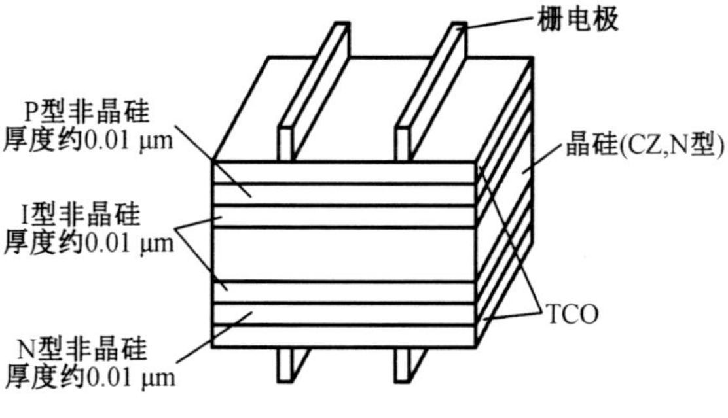

图 1.3　HIT 电池结构图

此外,HIT 电池在制造工艺流程上也较为简洁,以上提到的电池结构中的薄膜都是通过沉积的方式形成的,最后通过丝网印刷或者电镀工艺在电池两面制备金属电极,再经过低温固化工艺,完成 HIT 电池的制造,如图 1.4 所示。

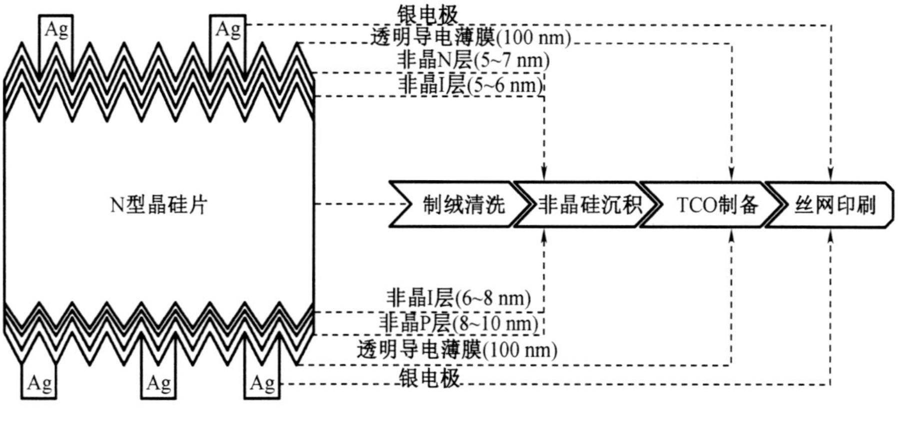

图 1.4　HIT 电池结构及工艺流程图

相比于传统的 PERC① 电池工艺以及 TOPCon② 电池工艺,HIT 电池的工艺制程相对较短,只有 4 大环节,依次是制绒清洗、非晶硅沉积、TCO 制备、丝网印刷。从具体结构工艺来讲,异质结电池以 N 型单晶硅(C-Si)为衬底光吸收区,经过制绒清洗后,其正面依次沉积厚度为 5~10 nm 的本征非晶硅薄膜(i-a-Si:H)、掺杂的 P 型非晶硅(P-a-Si:H)和硅衬底形成 p-n 异质结。硅片的背面又通过沉积厚度为

① PERC 为钝化发射极和背面电池技术。

② TOPCon 为隧穿氧化层钝化接触。

5~10 nm 的 i-a-Si:H 和掺杂的 N 型非晶硅(n-a-Si:H)形成背表面场,双面沉积 TCO,最后通过丝网印刷在两侧的顶层形成金属基电极。3 种量产电池工艺流程对比如图 1.5 所示。

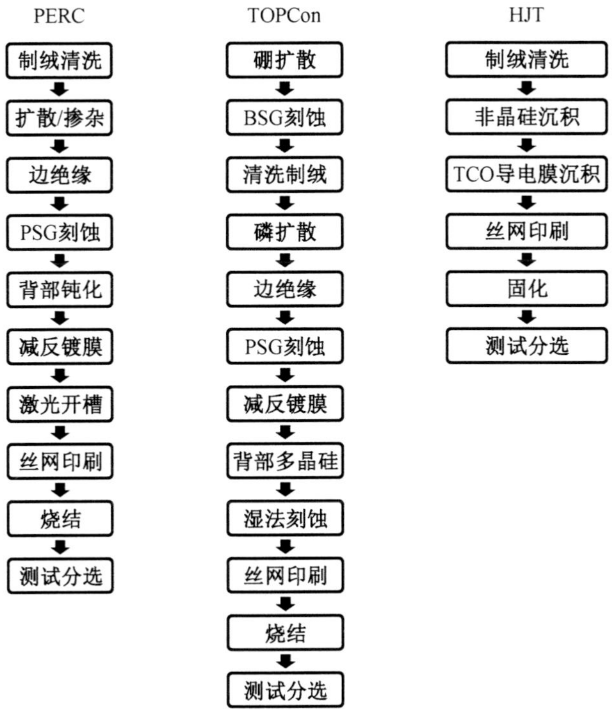

图 1.5　3 种量产电池工艺流程对比

注:PSG 指去除硅片表面含有磷原子的二氧化硅层的过程。

1. 制绒清洗

与常规 P 型或者 N 型电池制造工艺类似,HIT 电池也是以制绒清洗为电池制造的第一步,这一步骤的主要目的是清除 N 型衬底表面的油污和金属杂质,去除机械损伤层,形成金字塔绒面,陷光并减少表面反射。

2. 非晶硅沉积

利用硅片在 PECVD 设备中制作钝化膜和 PN 结。HIT 电池高效率的根源在于本征非晶硅薄膜的优良的钝化效果。由于晶硅衬底表面存在大量的悬挂键,因此光照激发的少数载流子在到达表面后容易被悬挂键俘获而复合,从而降低电池效率。此外,通过在硅片正面和背面沉积富氢的本征非晶硅薄膜,可以有效地将悬挂键氢化并降低表面缺陷,从而显著延长少子的寿命,增大开路电压,最终提高电池效率。

虽然每一层非晶硅薄膜的厚度只有 4~10 nm,但是每 1~2 nm 实现的功能和制备工艺却大不相同,因此本征和掺杂非晶硅薄膜需要在多个腔体中完成,即在 PECVD 过程中需要引入多腔室沉积系统。HIT 电池非晶硅薄膜 PECVD 工艺图如图 1.6 所示。

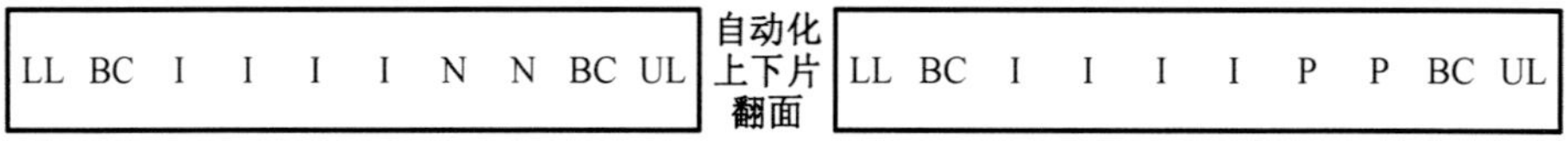

图 1.6 HIT 电池非晶硅薄膜 PECVD 工艺图

镀膜技术分类如图 1.7 所示。

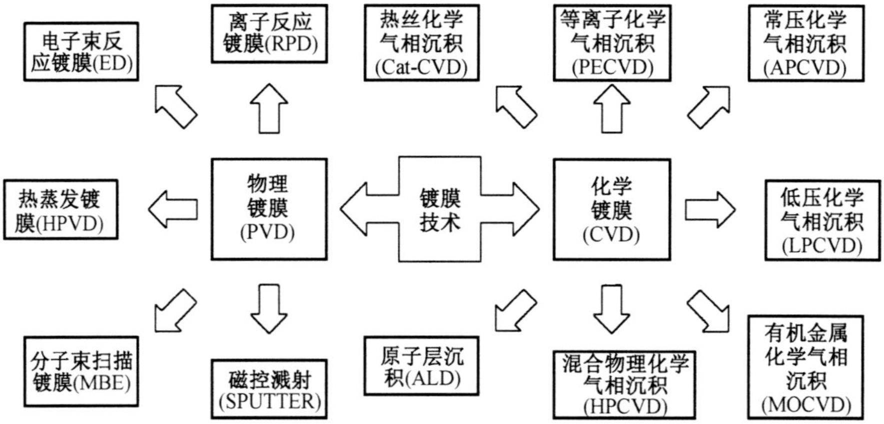

图 1.7 镀膜技术分类

3. TCO 制备

硅片沉积完非晶硅薄膜之后就进入磁控溅射(SPUTTER,图 1.8)或者离子反应镀膜(RPD)设备,沉积 TCO。TCO 纵向收集载流子并向电极传输。由于非晶硅层晶体呈无序结构、电子与空穴迁徙率较低,且横向导电性较差,不利于光生载流子的收集,因此需要在正面掺杂层上方沉积一层厚 75~80 nm 的 TCO,用于纵向收集载流子并向电极传输,TCO 同时可以减少光学反射。

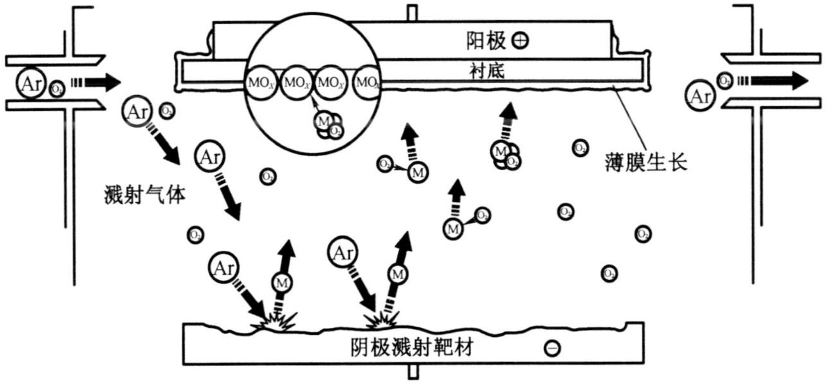

图 1.8　磁控溅射原理图

TCO 在可见光范围内（波长 380～760 nm）具有 80%以上的穿透率，且电阻很低，其成分主要为 In、Sb、Zn、Sn、Cd 及其氧化物的复合体。目前应用最广泛的是 ITO、SCOT、IWO、AZO。TCO 制备存在磁控溅射或者离子反应镀膜两种工艺，目前出于成本考虑大多选择磁控溅射工艺。磁控溅射工艺与离子反应镀膜工艺对比见表 1.1。

表 1.1　磁控溅射工艺与离子反应镀膜工艺对比

工艺路线	磁控溅射	离子反应镀膜
生产过程	氩气在高压下电离产生氩离子； 氩离子在磁场引导下轰击靶材； 靶材原子溅射到硅片上形成 TCO	氩气在高压下电离产生氩离子； 氩离子在磁场引导下轰击靶材； 靶材升华并在硅片表面凝结成 TCO
电池效率	离子反应镀膜工艺制备电池效率比磁控溅射工艺制备电池高 0.2%～0.5%	
靶材类型	ITO、SCOT、AZO	IWO
靶材价格	3 500 元/kg	6 400 元/kg
靶材利用率	80%	20%
设备节拍	6 000～8 000	2 500～5 500
镀膜方式	上镀膜+下镀膜	下镀膜
单线设备配置	1 台	2 台
设备价格	3 000 万/台	2 400 万/台

4. 丝网印刷

HIT 电池生产的最后一步是丝网印刷，制备金属电极并固化。考虑到 HIT

电池工艺是低温工艺,不区分正银和背银,因此丝网印刷加低温固化的工艺相对比较简单,但是这一特性的缺点之一就是价格较高且材料消耗量较大,因此目前业内也有部分企业尝试使用镀铜工艺来制作电极。因为在镀铜工艺中不会使用到银浆,成本较为低廉。但即便如此,该工艺也并未被广泛应用,因为其非常复杂,且废液排放存在严重的环保制约。

HIT 电池具有如下优势:

(1)转换效率高

HIT 电池的高转换效率源于高开路电压,HIT 电池的开路电压可以接近 750 mV,而普通 PERC 电池的开路电压则普遍低于 700 mV。HIT 电池的高开路电压来源于两点:

①氢化本征非晶硅薄膜优良的钝化效果;

②光生载流子可以贯穿氢化非晶硅薄膜,因此不需要激光开膜和形成欧姆接触,可以有效减少复合。

由于多主栅技术和光致再生技术的导入,目前 HIT 的研发效率普遍已经超过 24%。HIT 电池主流厂商的研发效率数据如图 1.9 所示。

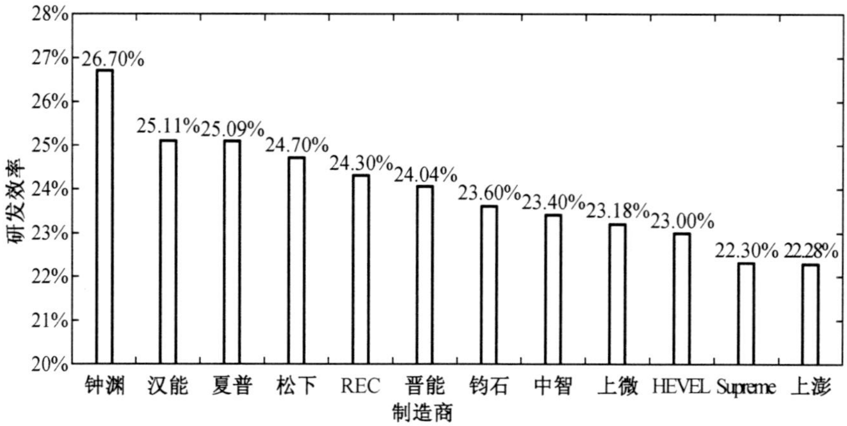

图 1.9　HIT 电池主流厂商的研发效率数据

(2)低衰减

由于 HIT 电池的特殊结构,其衰减程度要显著低于 PERC 电池,具体原因如下:

①HIT 电池表面的 TCO 具有导电特性,电荷不会在表面产生极化现象,无电位诱导衰减(PID);

②N 型硅片掺磷,没有硼氧复合体和硼铁复合体,光致衰减(LID)很小。

据相关数据显示,HIT 电池的首年衰减和年均衰减均低于 PERC 电池,此结论得到相关电站发电实证。HIT 电池与 PERC 电池衰减数据对比见表 1.2。

表 1.2　HIT 电池与 PERC 电池衰减数据对比

电池	首年衰减	年均衰减	25 年质保功率
HIT 电池	1%	0.25%	92%
掺镓 PERC 电池	2%	0.55%	84.80%
掺硼 PERC 电池	2.50%	0.60%	83.10%

(3)低温度系数

依据组件的温度系数能够衡量输出功率随温度的升高而下降的程度。太阳光照射下组件表面不断升温,电池的开路电压不断下降,进而导致输出功率下降。相较于其他类型电池,HIT 电池具备非常显著的低温度系数。不同类型电池温度系数对比如图 1.10 所示。

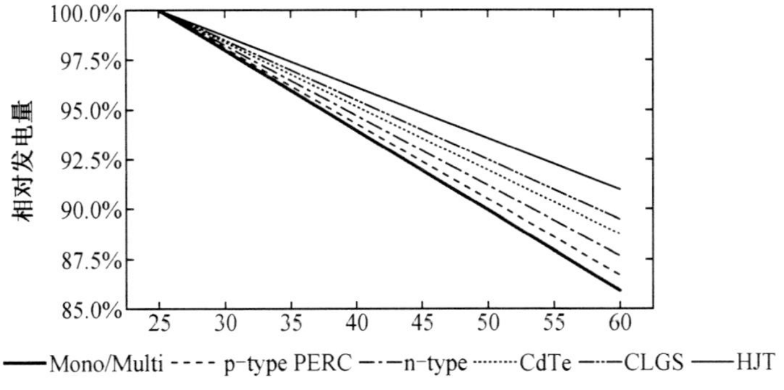

图 1.10　不同类型电池温度系数对比

组件的初始标称功率是在 STC 标准条件下测试的,对应温度是 25 ℃,但在实际运营中,组件的工作温度多数时间在 50 ℃左右,HIT 电池的低温度系数带来的发电量增益在 3%左右,可溢价 0.126 元/W。HIT 电池的低温度系数带来的发电增益数据见表 1.3。

表 1.3 HIT 电池的低温度系数带来的发电增益数据

温度/℃	HIT 电池输出功率/W	PERC 电池输出功率/W	增益
25	1.00	1.00	0.0%
30	0.99	0.98	0.6%
35	0.97	0.96	1.1%
40	0.96	0.94	1.7%
45	0.95	0.93	2.4%
50	0.94	0.91	3.0%
55	0.92	0.89	3.7%
60	0.91	0.87	4.4%
65	0.90	0.85	5.2%
70	0.88	0.83	5.9%

(4)高双面率

HIT 电池的双面率较高。HIT 电池正反面的 3 层膜和 TCO 都是透光的,且结构对称,天然就是双面电池,其双面率可以轻松达到 90%以上,甚至达到 98%的水平。PERC 电池的双面率可以达到 80%~85%。

目前布局 HIT 电池的企业越来越多,逐渐产业化。当前全球最大 HIT 电池量产规模仅 600 MW,近两年新建产线以 100~200 MW 的中试线为主。相较于 2019 年,2020 年有超过 20 家企业宣布了 GW 级的扩产计划。规模化以及关键设备国产化的突破,将成为 HIT 电池产业化的“发令枪”。HIT 电池主流厂商产能计划见表 1.4。

表 1.4 HIT 电池主流厂商产能计划

	现有产能/MW	在建产能/MW	规划产能/MW	量产效率	地址
中智	160		2 000	23.40%	中国泰兴
晋能	100	100	1 000	23.80%	中国晋中
钧石能源	600		2 000	23.60%	中国莆田、泉州

表 1.4(续)

汉能	150		600	23.60%	中国成都
通威	200		2 500		中国成都
通威	250				中国合肥
爱康科技		200	1 000		中国长兴
东方日升		200	2 500		中国宁波
山煤国际			10 000		中国太原
彩虹集团			2 000		中国嘉兴
REC	600		2 500	24.30%	新加坡
松下	200		1 000	23.00%	马来西亚
钟渊	40		100	23.00%	日本
INES	30			23.90%	法国
HevelSolar	250			23.00%	俄罗斯
ECOSoliver	100				匈牙利
EnelGroup	200			22.20%	意大利
Tesla	200		1 000		美国
SolarTech	80				美国
Supreme	40			22.30%	美国
NSP	50				中国台湾
合计	3 250	500	28 200		

注:中智即中国国际技术智力合作集团有限公司,晋能即晋能控股集团有限公司,钧石能源即钧石(中国)能源有限公司,汉能即汉能移动能源控股集团有限公司,通威即通威集团有限公司,爱康科技即爱康新能源科技股份有限公司,东方日升即东方日升新能源股份有限公司,山煤国际即山煤国际能源集团股份有限公司,彩虹集团即彩虹集团电子股份有限公司,NSP 即 Neo Solar Power。

1.3　太阳能电池的分类及发展历程

太阳能电池通常有以下几种分类方式,具体分类情况如图 1.11 所示。

1. 按技术发展阶段分类

第一代太阳能电池:以晶体硅电池为代表,包括多晶硅太阳能电池和单晶硅太阳能电池。多晶硅太阳能电池成本低,光电转换效率较高,生产工艺成熟,占有主要光伏市场;单晶硅太阳能电池光电转换效率最高,技术也最为成熟。

第二代太阳能电池:主要是各种薄膜电池,如非晶硅薄膜电池、化合物薄膜电池等。这类电池的光电转换效率较高,器件性能稳定,电池的吸光层厚度较薄,可以大幅减少原材料消耗,但使用的材料中的部分元素具有毒性或储量稀少,这限制了其大面积推广使用。

第三代至第五代太阳能电池:包括各种超叠层太阳能电池、热光伏电池、量子阱及量子点超晶格太阳能电池、中间带太阳能电池、上转换太阳能电池、下转换太阳能电池、热载流子太阳能电池、碰撞离化太阳能电池等新概念太阳能电池。目前新一代太阳能电池大多还处在实验室研发阶段及企业融资、中试阶段。

2. 按材料分类

硅基太阳能电池:以单晶硅、多晶硅及其与非晶硅复合为基础的太阳能电池。这类电池技术成熟,光电转换效率相对较高,是目前市场上已经实现商业化应用的一类电池。

多元化合物薄膜太阳能电池:主要包括铜铟镓硒太阳能电池、砷化镓太阳能电池、磷化铟太阳能电池、碲化镉太阳能电池等。

新型太阳能电池:主要包括钙钛矿太阳能电池、染料敏化太阳能电池、有机太阳能电池、量子点太阳能电池等。目前新一代太阳能电池大多还处在实验室研发阶段,要想真正推向市场还有很长的路要走。

3. 按结构分类

晶体硅太阳能电池:包括单晶硅太阳能电池、多晶硅太阳能电池、带状硅太阳能电池、球状多晶硅太阳能电池等。单晶硅和多晶硅太阳能电池是目前市场上的主流产品。

薄膜太阳能电池:包括硅薄膜太阳能电池(非晶硅、微晶硅、纳米晶硅等)、多元化合物薄膜太阳能电池(硫化镉、硒铟铜、碲化镉(CdTe)、砷化镓(GaAs)、磷化铟、铜铟镓硒等)、染料敏化薄膜太阳能电池、有机薄膜太阳能电池等。

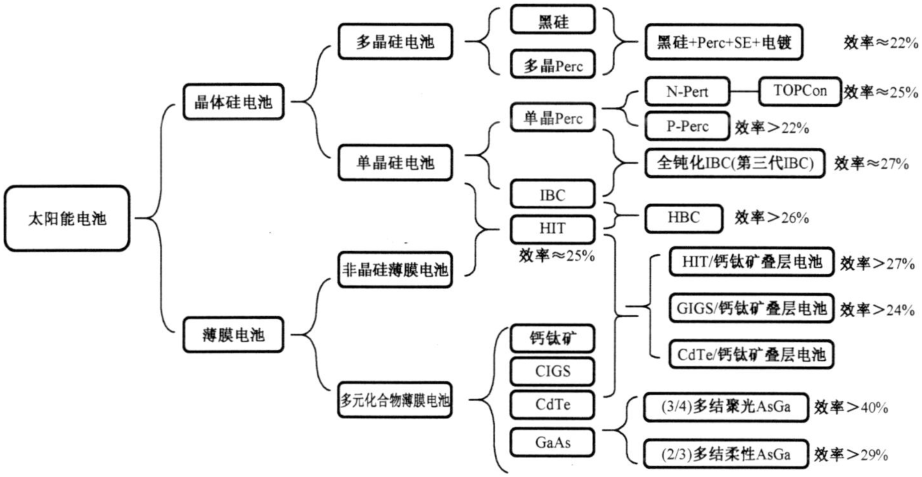

图 1.11　太阳能电池分类

1.3.1　晶体硅太阳能电池

晶体硅太阳能电池是指以高纯的晶体硅为电池主体的 p-n 结型太阳能电池,它属于第一代太阳能电池,发展最长久,技术也最成熟,因而应用也最为广泛。其具体可分为以单晶硅、多晶硅、非晶硅为原材料的硅基太阳能电池。就目前的科技水平而言,硅系列太阳能电池中,单晶硅太阳能电池性能稳定且光电转换效率最高,技术也最为成熟。但由于受单晶硅材料价格及烦琐的电池工艺影响,单晶硅电池成本价格居高不下,这也大大限制了晶体硅太阳能电池的应用和发展。为了节省材料成本,寻找晶体硅太阳能电池的替代产品,研究人员研发了薄膜太阳能电池,其中多晶硅薄膜太阳能电池和非晶硅薄膜太阳能电池就是典型代表。得益于其较高的效率(量产效率达 19%以上)和耐用性(约 25 年),单晶硅和多晶硅太阳能电池在大规模应用和工业生产中仍占据主导地位,是过去 20 多年太阳能电池研究、开发和生产的主要成果。

1.3.2　硅基薄膜太阳能电池

硅基薄膜太阳能电池主要可以分为非晶硅薄膜太阳能电池和多晶硅薄膜太阳能电池两种。

非晶硅是硅和氢(约 10%)的一种合金,非晶硅薄膜太阳能电池具有以下优点:

(1)对太阳光的吸收系数高,活性层只有 1 μm 厚,使得材料的需求量大大减少。

(2)沉积温度低(约 200 ℃),可直接沉积在玻璃、不锈钢和塑料膜等廉价的衬底材料上,降低了生产成本。

(3)单片电池面积大,便于工业化大规模生产。

缺点是:非晶硅材料光学禁带宽度仅为 1.7 eV,对太阳辐射光谱的长波区域不敏感,限制了其效率的提升,且其效率会随着光照时间的延长而衰减(即光致衰退效应),导致电池性能不稳定,目前很难发展为具有稳定高效率的太阳能电池。

多晶硅薄膜太阳能电池的优点是:可在廉价的衬底材料上制备,其成本远低于晶体硅太阳能电池,且效率相对较高,兼具单晶硅和非晶硅的优点,制备工艺也相对简单,适合产业化大面积生产,在光伏市场上占据一定地位。

1.3.3 化合物半导体薄膜太阳能电池

化合物半导体薄膜太阳能电池是以化合物半导体为基体制成的太阳能电池,主要有铜铟硒(CIS)和铜铟镓硒、碲化镉、砷化镓等。由于它们都是直接带隙材料,带隙宽度 E_g 为 1~1.6 eV,具有很好的大范围太阳光谱响应特性,因而只需几微米(约 2 μm)厚就能吸收太阳光的绝大部分(吸收率高达 10^5/cm),是制作薄膜太阳能电池的优选材料。砷化镓的带隙宽度 E_g 为 1.424 eV,是非常理想的直接跃迁型半导体光伏材料,在砷化镓单晶衬底上生长单结电池的效率超过 25%,但其由于价格偏高,因而更多应用于空间领域。铜铟硒材料的带隙宽度 E_g 为 1.04 eV,是一种直接带隙材料,为了提高效率,用镓替代铜铟硒材料中部分铟,形成 $CuIn_{1-X}GaSe_2$ 四元化合物。掺镓的目的是将带隙宽度 E_g 调到 1.5 eV,进一步提高铜铟镓硒电池效率,目前其效率可以高达 21.7%。铜铟镓硒电池由于廉价、高效、性能稳定和较强的抗辐射能力而受到广泛重视,成为很有前途的新一代太阳能电池,非常有希望在未来十年被大规模应用。然而由于硒、铟都是稀有元素,因而生产材料的来源受到了一定的限制。碲化镉电池的带隙宽度 E_g 为 1.5 eV,光谱响应与太阳光谱十分吻合,性能非常稳定,光吸收系数极大,厚度为 1 μm 的薄膜足以吸收大于碲化镉禁带能量的 99% 的辐射能量,是非常理想的化合物半导体材料,其最高效率紧随铜铟镓硒之后,达 21.5%,也是公认的高效廉价薄膜电池材料,一直被光伏界看重。其缺点是镉有毒,会对环境产生污染。因此碲化镉电池往往更多地被用在空间等特殊环境中。总的来讲,铜铟镓硒薄膜太阳能电池效率较高,性能优越,引起了科研工作者更多的关注。碲化镉薄膜太阳能电池制备工艺成熟,但在生产成本和环境保护方面存在潜在的问题。

1.3.4　有机太阳能电池

有机太阳能电池,顾名思义,就是由有机材料构成核心部分的太阳能电池。其主要以具有光敏性质的有机物为半导体材料,以光伏效应产生电压而形成电流,实现太阳能发电的目的。目前有机太阳能电池的主要种类有光化学太阳能电池、染料光敏化太阳能电池、高分子太阳能电池、纳米结晶太阳能电池等。“有机”这个概念貌似很新,但其实它的历史与硅基太阳能电池的历史差不多。第一个有机光电转化器件是由 Kearns 和 Calvin 在 1958 年制备的,其主要材料为镁酞菁(MgPc)染料,染料层夹在两个功函数不同的电极之间。1986 年,有机太阳能电池出现了一个里程碑式的突破。柯达公司的邓青云博士制备了以四羧基苝的一种衍生物和铜酞菁为核心结构的双层膜器件。他依据无机异质结太阳能电池的原理,用两种有机半导体材料制备了光电转换效率达到 1%左右的有机太阳能电池。1991 年,瑞士的 Gratzel 教授以纳米多孔二氧化钛(TiO_2)为半导体电极,以钌(Ru)的络合物为染料,开发了一种新型的染料敏化 TiO_2 纳米薄膜太阳能电池(DSSC)。DSSC 具有理论光电转换效率高、透明性好、成本低廉和工艺简单等优点,其实验室的最高光电转换效率为 11.9%,因而受到国内外科学家的重视。其缺点是所使用的电解质是液体电解质,会带来使用不便以及环境污染等问题。目前对它的研究尚有很多问题和较大的发展空间,因而它在近年来成为世界各国争相开发的研究热点。第四代太阳能电池与前几代电池最大的不同是结合了有机物和纳米科技,对于实现低能耗、低成本、无污染等目标具有重要的意义,但目前阶段的这类电池的光电转换效率偏低、长期稳定性差,想实现商用还需要较长的研究过程。

1.3.5　新材料薄膜太阳能电池

第五代太阳能电池是发展了诸如量子点、钙钛矿、铜锌锡硫、全碳电池等这类基于新型功能材料的薄膜太阳能电池,这里举两个例子简要介绍一下。

一个例子是量子点太阳能电池。量子点太阳能电池引入了纳米技术与量子力学的理论,是目前最新、最尖端的太阳能电池之一。与其他吸光材料相比,量子点太阳能电池具有以下独特的优势:

(1)量子尺寸效应。通过改变半导体量子点的大小,就可以使太阳能电池吸收特定波长的光线,即小量子点吸收短波长的光,而大量子点吸收长波长的光。

(2)具有巨电导、可变化的带隙和可变化的光谱吸收性等。这些特性使得量子点太阳能电池可大大提高光电转换效率。与多晶硅太阳能电池相比,其生产能耗可减少20%,而光电转换效率可增加0.5~1倍以上,并能降低昂贵的材料费用。理论研究指出,采用具有显著量子限制效应和分立光谱特性的量子点作为有源区设计和制作的量子点太阳能电池,可以使其光电转换效率获得超乎寻常的提高,其极限值可以达到66%左右,而目前太阳能电池的主流晶体硅技术的光电转换效率理论上最多仅为30%左右。尽管目前尚没有制作出这种超高光电转换效率的实用化太阳能电池,但是大量的理论计算和实验研究已经证实,量子点太阳能电池将会在未来的太阳能电池领域中显示出巨大的发展前景。

另一个例子是2009年,桐荫横滨大学的宫坂力(Tsutomu Miyasaka)率先将薄薄的一层钙钛矿($CH_3NH_3PbI_3$和$CH_3NH_3PbBr_3$)当作吸光层应用于染料敏化太阳能电池,制造出了钙钛矿太阳能电池。此后,钙钛矿太阳能电池迅猛发展,成为近几年太阳能电池领域最热门的研究方向。从2009年到2016年,其光电转换效率便从3.8%跃升至21.02%,提高了近6倍。钙钛矿太阳能电池的光电转换效率较高,而且与传统的硅电池相比,制作工艺更简单、价格更便宜,很有可能改变整个太阳能电池的格局,因而被《科学》杂志评为2013年的“10大科学突破”之一。

综上所述,不同类型的太阳能电池具备各自的优缺点。薄膜太阳能电池因其原材料丰富、制造成本低、发电性能好等特点而受到广泛关注与研究。高光电转换效率和低生产成本是太阳能光电产业和研究界始终追求的目标,也是太阳能发电与其他能源技术相竞争需要解决的关键问题。由此可见,太阳能电池未来的发展方向和发展动力与新型光伏材料的开发和新型光伏器件的探索是分不开的,尤其是新型薄膜材料的制备和应用。

1.4　太阳能电池前沿进展

太阳能光伏发电是全球绿色转型的“生力军”。尽管太阳能电池板已“飞入寻常百姓家”,但它们并非尽善尽美。为此,研究人员还在孜孜不倦探索新技术,力求使其更高效、更可靠。下面将介绍研究人员在最近几年取得的 5 大极具发展潜力的太阳能创新技术突破。

1.4.1　钙钛矿电池:稳定性、耐用性提升

钙钛矿太阳能电池被视为下一代光伏技术的璀璨明星,其受关注程度与日俱增。钙钛矿是一组与矿物质钙钛氧化物拥有相同原子排列(晶体结构)的材料,在太阳能电池中展现出独特的潜力。相比于传统硅基太阳能电池,钙钛矿太阳能电池不仅成本更低,而且更加柔韧。它还能制成透光、半透明的光伏组件,广泛应用到建筑窗户上。但钙钛矿也有一个致命缺陷:在自然状态下,它会很快降解。

2024 年 1 月传来喜讯,美国密歇根大学研究团队发现,通过“修复缺陷”,即向钙钛矿电池中添加各种分子,会显著提升钙钛矿太阳能电池板的稳定性和耐用性。相关论文发表于《物质》杂志。这一突破的关键在于巧妙使用添加剂,以弥补钙钛矿晶体结构内阻碍电子运动并加速降解的缺陷。研究团队对不同尺寸、质量和配置的添加剂进行了深入评估,以探究它们对钙钛矿太阳能电池耐用性的影响。结果显示,质量较大的分子在预防缺陷形成方面表现更佳,且分子越大,效果越显著。研究团队表示,这一创新有望大幅降低太阳能电池板的成本。

硒化锑和钙钛矿串联太阳能电池如图 1.12 所示,可拉伸有机太阳能电池如图 1.13 所示。

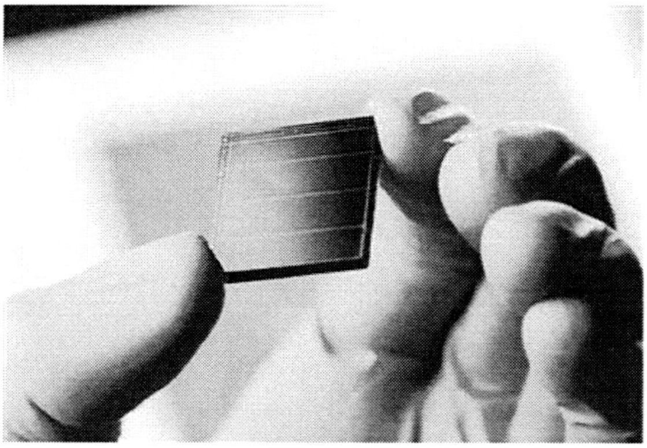

图 1.12　硒化锑和钙钛矿串联太阳能电池

图 1.13　可拉伸有机太阳能电池

1.4.2　印制电池:规模生产能效高

2024 年 3 月,英国剑桥大学、澳大利亚联邦科学与工业研究组织(CSIRO)等机构科学家组成的国际团队经多年研究,创下卷对卷印制钙钛矿太阳能电池光电转换效率新纪录,相关论文发表于《自然·通讯》杂志。研究负责人之一、CSIRO 首席研究科学家度晶·瓦克博士认为,传统硅基太阳能电池板既坚硬又笨重,印制太阳能电池能效高、成本低。但在保持太阳能电池光电转换效率的同时扩大生产规模,一直是印制太阳能电池技术的"拦路虎",此前问世的印制柔性太阳能电池板的光电转换效率仅 1%~2%。研究团队借助全新卷对卷印制技术得到的柔性太阳能电池实现了高达 15.5%的创纪录光电转换效率。研究团队表示,这些电池非常轻便且柔韧,便于携带,有望在城市建设、国防、太空和个人电子产品等领域大显身手。可卷对卷印制的柔性太阳能电池如图 1. 14 所示。

图 1. 14　可卷对卷印制的柔性太阳能电池

1. 4. 3　有机电池:可穿戴设备"的好搭档"

可穿戴设备逐渐融入人们日常生活,从智能手环到健康监测设备,再到未来可能出现的各种新奇产品,不断推动着人们生活方式的变革。但电源问题一直是制约可穿戴设备发展的关键因素之一,一种有机太阳能电池似乎提供了新的解决方案。

2025 年初,韩国科学技术院科学家在《焦耳》杂志刊发论文称,他们研发出一种新型有机聚合物材料,具有很高的光伏特性,能像橡胶一样拉伸。在这种聚合物的基础上,他们研制出一款可拉伸的有机太阳能电池。新电池的最大特点是,即使拉伸超过其原始状态的 40%,光电转换效率依然能够保持在 19%,使其成为服装或可穿戴设备的"好搭档"。研究团队表示,该电池还具有出色的耐用性和稳定性,能长时间为可穿戴设备提供稳定可靠的电力支持。由于该电池采用了有机材料,因此在生产和使用过程中产生的环境污染较小,具有环保优势。

1. 4. 4　串联电池:光电转化率提升

目前的太阳能电池板大部分是单层的,且大部分光电转换效率已经超过 20%。中国科技大学陈涛教授等于 2024 年 3 月在《能源材料与器件》杂志刊发论文指出,他们的一项新研究表明,串联(双层)太阳能电池也能具有很好的光电转换效率。他们研制出的电池顶层由钙钛矿制成,底层由硒化锑制成,整个电池实现了 20.58%的光电转换效率。硒化锑是一种极好的无机吸光材料,毒性相对较低。陈涛教授表示,硒化锑的高稳定性为制备串联太阳能电池提供了极大便利,它与多种不同类型的顶部电池材料配对,都可获得良好效果。美国可再生能源实验室指出,2009 年,串联太阳能电池的光电转换效率仅 3%,目前已达 20%以上。有不少科学家正在开发叠层太阳能电池,测试其他底层材料,以提升其光电转换效率。

1.4.5 电池板:最大限度地吸收阳光

当其他科学家致力于寻找提高太阳能电池光电转换效率的新方法时,英国剑桥卡文迪什实验室和阿姆斯特丹 AMOLF 公司的科学家另辟蹊径。2025 年 3 月,他们在《焦耳》杂志刊发论文称,可以通过让太阳能电池板更适应周围环境来提高其光电转换效率。具体途径包括让太阳能电池板弯曲、折叠或半透明,以便其更好地融入周围环境。此外,研究人员还建议对太阳能捕获装置进行图案化处理,以最大限度地吸收阳光。

1.5 太阳能电池的应用与产业化

1.5.1 运行现状

太阳能电池原材料供应充足,全球太阳能电池产量不断增加,这得益于全球光伏新增装机容量的快速增长,带动全球硅片产能迅速扩张。有数据统计,2020—2023 年全球光伏硅片产能整体呈现逐年增长的态势,2023 年全球光伏硅片产能同比增长 15.51%,增至 767 GW,如图 1.15 所示。

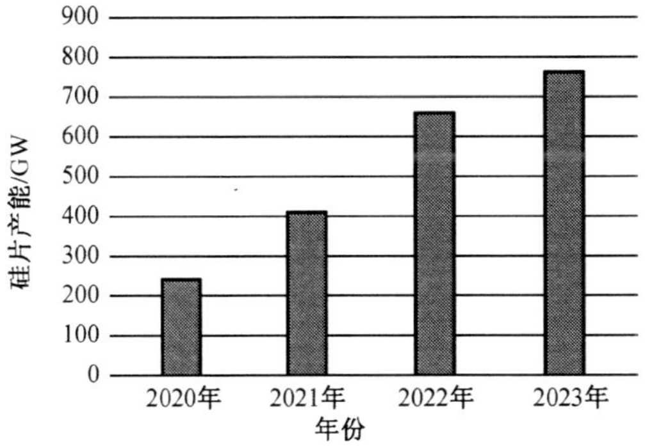

图 1.15　2020—2023 年全球硅片产能

近年来，随着太阳能电池市场规模的持续扩大，全球光伏银浆总消耗量整体呈现增长趋势。数据显示，2020—2022 年全球光伏银浆总消耗量年复合增长率达 9.21%，2023 年全球光伏银浆总消耗量达 3 775 t，如图 1.16 所示。

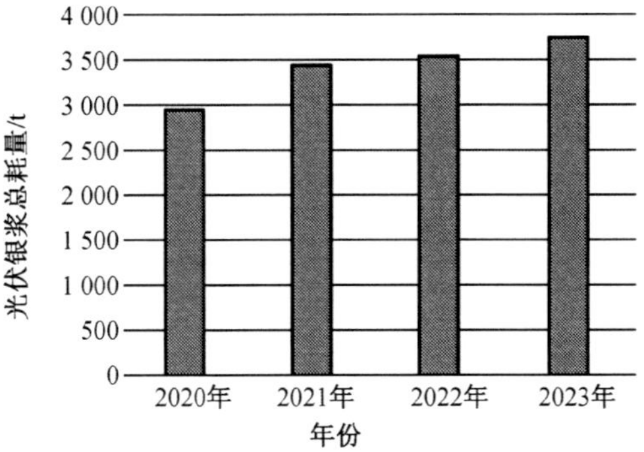

图 1.16　2020—2023 年全球光伏银浆总耗量

随着光伏行业的迅速发展，全球太阳能电池产量不断增长。有数据统计，2017—2022 年，全球太阳能电池产量由 104.3 GW 增长至 323.48 GW，年复合增长率为 25.4%，2023 年全球太阳能电池产量约为 371.08 GW，如图 1.17 所示。

1.5.2　全球现状

光伏组件是由多个光伏电池单元按照一定方式连接而成的整体，用于光伏发电系统的实际应用。从产业规模方面来看，受光伏装机需求增长的驱动，全球光伏组件产量和产能持续提升。有数据统计，2023 年全球光伏组件产量和产能分别为 612.2 GW 和 1 103 GW,较 2022 年同期分别增长了 76.2%和 61.6%,并继续保持快速增长,如图 1.18 所示。从光伏组件生产类型来看,晶硅组件仍然是市场主流。从光伏组件产业布局情况来看,中国大陆仍然是全球光伏组件的生产制造重心,2023 年中国大陆光伏组件产量为 518.1 GW,约占全球总产量的 84.6%;产能为 920 GW,约占全球总产能的 83.4%。从光伏组件企业出货情况来看,2023 年,全球光伏组件出货量排名前十的企业分别为晶科能源股份有限公司(简称晶科能源)、隆基绿能科技股份有限公司(简称隆基绿能)、天合光能股份有限公司(简称天合光能)、晶澳太阳能科技有限公司(简称晶澳科技)、通威股份有限公司(简称通威股份)、阿特斯新能源控股有限公司(简称阿特斯)、东方日升新能源股份有限公司(简称东方日升)、正泰新能科技股份有限公司(正泰新能)、一道新能源科技股份有限公司(简称一道新能)、协鑫集成科技股份有限公司(简称协鑫集成),见表 1.5。

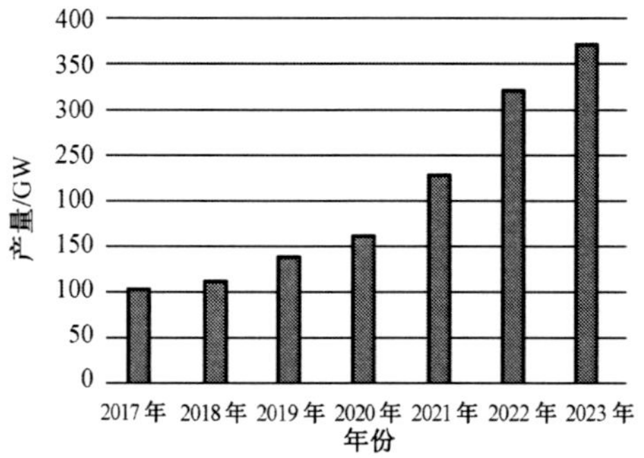

图 1.17　2017—2023 年全球太阳能电池产量

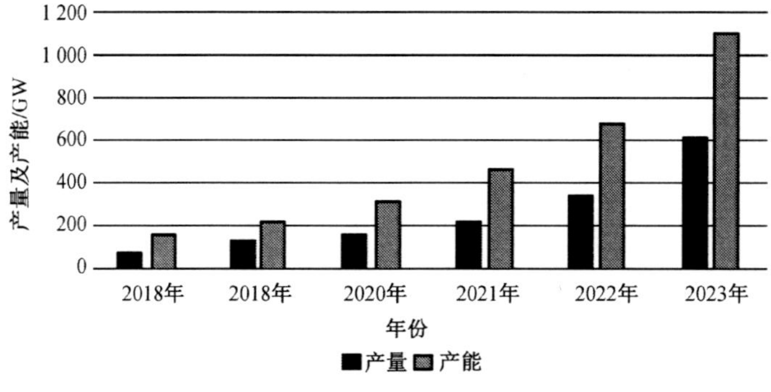

图 1.18　2018—2023 年全球光伏组件产量及产能情况

表 1.5　2023 年全球光伏组件出货量排名前十的企业

光伏组件企业名称	出货量/GW
晶科能源	78.52
隆基绿能	67.52
天合光能	65.21
晶澳科技	57.09
通威股份	31.11
阿特斯	30.70
东方日升	18.99
正泰新能	28.00+
一道新能	18~20
协鑫集成	16.42

1.5.3　国内现状

国内光伏产业迅猛发展,但仍面临诸多挑战。光伏组件的原材料(晶硅)的生产属于高能耗和高污染的工业项目。中国光伏产业处于明显的产能过剩状态,光伏发电产品销售主要依靠欧美市场,但近期该市场光伏产品的需求增速减缓,国内市场一时难以消化富余的产能,光伏企业的生存环境不断恶化。光伏发电系统的输出功率不稳定,大规模储电技术尚未成熟,这对电网的安全运行造成了一定影响,目前光伏发电系统主要以分布式系统为主,就地消纳所发的电能,发展规模受到极大限制。

参考文献

[1]　FONASH S J. Solar cell device physics [M]. New York: Academic Press, 1981.

[2]　WÜRFEL P. Physics of solar cells: From principles to new concepts[M]. Weinheim: Wiley VCH Verlag GmbH & Co. KGaA, 2005.

[3] 梁宗存, 沈辉, 李戬洪. 太阳能电池及材料研究[J]. 材料导报, 2000, 14(8): 38-40.

[4] 汪建军, 刘金霞. 太阳能电池及材料研究和发展现状[J]. 浙江万里学院学报, 2006, 19(5): 73-77.

[5] 格林. 太阳电池: 工作原理、工艺和系统的应用[M]. 李秀文, 谢鸿礼, 赵海滨, 等译. 北京: 电子工业出版社, 1987.

[6] SHAH A, TORRES P, TSCHARNER R, et al. Photovoltaic technology: The case for thin-film solar cells[J]. Science, 1999, 285(5428): 692-698.

[7] 谢富昌. 不同类型光伏电池的发电性能研究[J]. 太阳能, 2003(6): 21-22.

[8] BERGMANN R B. Crystalline Si thin-film solar cells: A review[J]. Applied physics A, 1999, 69(2): 187-194.

[9] SHEWCHUN J, BURK D, SPITZER M B. MIS and SIS solar cells[J]. IEEE transactions on electron devices, 1980, 27(4): 705-716.

[10] WANG Q. High-efficiency hydrogenated amorphous/crystalline Si heterojunction solar cells[J]. Philosophical magazine, 2009, 89(28/29/30): 2587-2598.

[11] CARLSON D, WRONSKI C, PANKOVE J, et al. Properties of amorphous silicon and a-Si solar cells[J]. RCA review 1977, 38:211-225.

[12] GRÄTZEL M. Recent advances in sensitized mesoscopic solar cells[J]. Accounts of chemical research, 2009, 42(11): 1788-1798.

[13] JACKSON P, HARISKOS D, LOTTER E, et al. New world record efficiency for Cu(In, Ga)Se_2 thin-film solar cells beyond 20%[J]. Progress in photovoltaics: research and applications, 2011, 19(7): 894-897.

[14] BRITT J, FEREKIDES C. Thin-film CdS/CdTe solar cell with 15.8% efficiency[J]. Applied physics letters, 1993, 62(22): 2851-2852.

[15] BAILEY S G, FLOOD D J. Space photovoltaics[J]. Progress in photovoltaics research & applications, 1998, 6(1):1-14.

[16] HOPPE H, SARICIFTCI N S. Organic solar cells: An overview[J]. Journal of materials research, 2004, 19(7): 1924-1945.

[17] GRAETZEL M. Recent advances in sensitized mesoscopic solar cells[J]. Accounts of chemical research, 2009, 42(11): 1788-1798.

[18] HAGFELDT A, BOSCHLOO G, SUN L C, et al. Dye-sensitized solar cells [J]. Chemical reviews, 2010, 110(11):6595-6663.

[19] NOZIK A J. Quantum dot solar cells[J]. 1st international workshop on nanostructures in photovoltaics, physical e-low dimensional systems & nanostructures, 2002, 14(1-2): 115-120.

[20] MARTIN A, GREEN A H, HENRY J S. The emergence of perovskite solar cells[J]. Nature photonics, 2014, 8: 506-514.

[21] AGAWANE G L, SHIN S W, VANALAKAR S A. Synthesis of simple, low cost and benign sol-gel Cu_2ZnSnS_4 thin films: influence of different annealing atmospheres[J]. Journal of materials science-materials in electronics, 2015, 26(3): 1900-1907.

[22] MARC P R, MICHAEL V, PENG W, et al. Evaluation of solution-processable carbon-based electrodes for all-carbon solar cells[J]. ACS nano, 2012, 6: 10384-10396.

[23] JAIN R M, HOWDEN R, TVRDY K, et al. Polymer-free near-infrared photovoltaics with single chirality (6,5) semiconducting carbon nanotube active layers[J]. Advanced materials, 2012, 24(32): 4436-4439.

第 2 章　碳材料基础理论

2.1　碳的同素异形体

碳是自然界中非常丰富的一种元素,是构成产生生命的各种有机物的物质基础。碳在元素周期表中处于Ⅳ族位置,原子序数为 6,其原子中的电子结构为 $1S^22S^22P^{1x}2P^{1y}$。碳元素大多是以化合物形式存在于自然界的,尤其以碳氢化合物的形式最为广泛,而碳氢化合物则是生命世界的主体。自人类文明出现以来,碳及碳的相关材料作为一种传统的热门材料已经有了几千年的研究历史。碳材料的广泛应用也促进了工业的快速发展。20 世纪之前,木炭、炭黑、焦炭、石墨等单质形态的碳材料在燃料、墨汁、铸铁等领域的重要用途已被人们熟知,直接推动了第一次产业革命的诞生。20 世纪 50 年代以后,在世界科技大发展背景下,随着纳米材料与技术的快速发展,相继出现了碳纤维及其复合材料、金刚石、富勒烯、碳纳米管、石墨烯等新型碳材料。这些新型碳材料的特性几乎涵盖了地球上所有相对立的两种性质,从最硬到最软,从全吸光到全透光,从绝缘体到半导体再到超导体,从绝热体到良导体,从顺磁到铁磁,从低摩擦系数到超高摩擦系数,从超亲水到超疏水等。这些几乎完美而多元的性质使得碳材料在机械电子、光电器件、美学装饰、半导体工业、航空航天、生物医药等诸多领域中都发挥了极其重要的作用,成为最具生命力的材料之一,也预示着碳材料研究的无限可能性。下面主要介绍几种常见的碳材料的研究与应用概况。

2.1.1　石墨的研究与应用

石墨是碳的同素异形体中最为常见的一种形态,属于六方晶系,其晶体结构如图 2.1 所示。

石墨中的碳原子以 sp^2 杂化轨道与相邻的 3 个碳原子以 σ 键结合,形成正六角形蜂巢状的平面层状结构。而每个碳原子还有 1 个 2p 轨道,其上有 1 个

2p 电子。这些 p 轨道互相平行，并且垂直于碳原子 sp^2 杂化轨道构成的平面，形成了大的 π 键。因而这些 π 电子可以在整个碳原子平面上活动，类似金属键的性质。而平面结构的层与层之间则依靠分子间作用力（范德华力）结合起来，形成石墨晶体。纯的石墨为铁墨色至深灰色，其导电、导热性能非常好。石墨材料质地细软、滑腻，密度为 2.25 g/cm^3。常温下石墨性能稳定，化学性质不活泼，不易与酸、碱等反应。在隔绝氧气的条件下，其熔点达到 3 652 ℃，而沸点高达 4 827 ℃，是最耐高温的矿物之一。早在远古时代，人类就已经开始制备和利用碳材料，碳材料在几千年中华文明史中发挥了重要作用，如墨汁的使用、铸铁中石墨形态的控制等。2 000 多年前，人们就知道木炭具有吸附、防腐的功效。石墨的工艺特性主要取决于它的结晶形态，结晶形态不同的石墨矿物，具有不同的工业价值和用途。比如石墨除了可用作铅笔芯、颜料、抛光剂外，还可用作耐火材料、导电材料、耐磨润滑材料等。随着科学技术的不断发展，人们对石墨也开发了许多新的用途。1969 年，美国成功地研制出柔性石墨密封材料，解决了原子能阀门泄漏的问题，随后德、日、法也开始研制生产。这种产品除了具有天然石墨的优良特性外，还具有特殊的柔性和弹性，因此是一种理想的密封材料，可以广泛用于石油化工、原子能等工业领域。此外，石墨还是轻工业中玻璃和造纸的磨光剂和防锈剂，也是制造铅笔、墨汁、黑漆、油墨以及人造金刚石等不可缺少的原料。同时，它也是一种很好的节能环保材料，很多科研工作者已研究用它制作汽车电池，这一应用已在很多国家得到了推广。随着现代科学技术和工业的发展，石墨的应用领域还在不断拓展，已成为高科技领域中新型复合材料的重要原料，在新材料的开发和应用领域中占据了重要的地位。

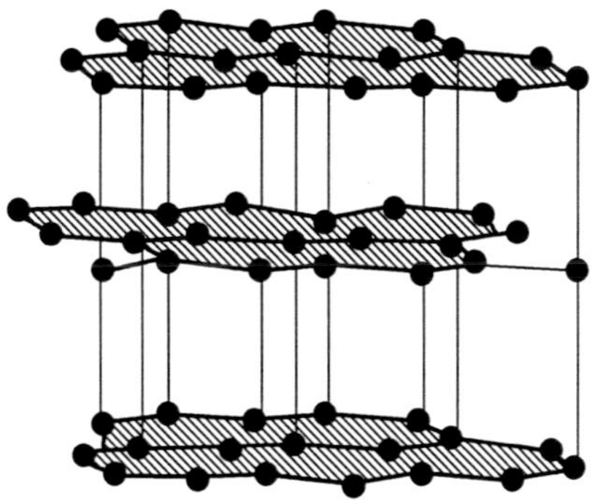

图 2.1　石墨的晶体结构图

2.1.2 金刚石的研究与应用

金刚石俗称“钻石”，也是长期以来非常受科技界、工业界青睐的一种碳的同素异形体。人类对金刚石的认识和开发也具有悠久的历史，早在公元前 3 世纪的古印度就发现了钻石，一直到今天，钻石一直是权势、地位和财富的象征。金刚石的晶体结构如图 2.2 所示，其空间点阵是面心立方，其晶格结构由两个彼此错开对角线 1/4 距离的面心立方结构套构而成，每个碳原子都以 sp^3 杂化轨道与另外 4 个碳原子形成共价键，以稳定的正四面体结构排列并延伸构成无限的三维结构。单位晶胞中碳原子间以同极键相联结，距离为 154 pm，其 C—C 键是共价键中最强的 σ 键。金刚石的常见晶形有八面体、菱形十二面体、立方体、四面体和六八面体等。天然的金刚石是在地下极深（130～180 km）、高温（900～1 300 ℃）、高压（$(45\sim60)\times10^8$ Pa）条件下结晶而成的，它们主要储存在金伯利岩或钾镁煌斑岩中，其形成年代相当久远。金刚石是目前在地球上发现的众多天然存在物质中最坚硬的物质，摩氏硬度为 10，新摩氏硬度为 15，显微硬度为 10 000 kg/mm^2，其显微硬度比石英高 1 000 倍，比刚玉高 150 倍。金刚石的硬度具有方向性，八面体晶面硬度高于菱形十二面体晶面硬度，而菱形十二面体晶面硬度高于六面体晶面硬度。金刚石这种高硬度的力学特性使其在很多领域中都得到了广泛应用，如工艺品、工业中的锯片、磨具、磨料和抛光粉等。金刚石除了具有高硬度特性外还具有高热导性，其热导率一般为 20 W/(cm·K)，其中Ⅱa 型金刚石的热导率极高，在液氮温度下为铜的 25 倍，并随温度的升高而急剧下降，当温度升至室温时仅为铜的 5 倍。此外，金刚石的比热容随温度的升高而增加，如在-106 ℃时为 399.84 J/(kg·k)，而在 107 ℃时为 472.27 J/(kg·k)。金刚石的热膨胀系数极小，随温度的升高而增大，如在-38.8 ℃时为 0，而 0 ℃时为 5.6×10^{-7}。金刚石和硅的热膨胀系数相匹配，在电子工业中可以作为散热极好的热沉材料。金刚石在隔绝氧气的情况下，加热至 2 000～3 000 ℃可以转变为石墨。金刚石的化学性质稳定，具有很好的耐酸性和耐碱性，高温下不与浓 HF、HCl、HNO_3 反应，只在 Na_2CO_3、$NaNO_3$、KNO_3 的熔融体中，或与 $K_2Cr_2O_7$ 和 H_2SO_4 的混合物一起煮沸时，表面会稍有氧化。金刚石还具有非磁性、不良导电性、亲油疏水性和摩擦生电性等特性。金刚石在紫外、可见光、红外乃至毫米波段都具有极高的透光率，是一种极好的抗辐射、抗腐蚀和耐高温的窗口材料，在军事工业中都有着重要的应用价值。

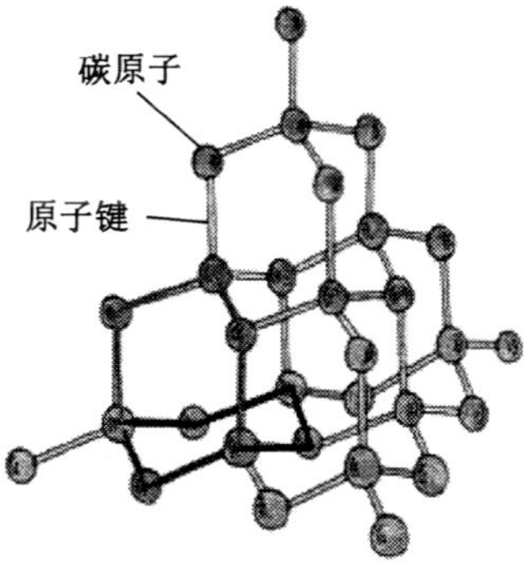

图 2.2　金刚石的晶体结构图

2.1.3　类金刚石的研究与应用

类金刚石(DLC)作为近几十年碳材料家族中发展起来的新兴成员，是一种以金刚石结构的 sp^3 杂化碳原子和石墨结构的 sp^2 杂化碳原子相互混杂的三维网络形式结合生成的亚稳态非晶碳材料。它兼具金刚石和石墨的各种优良特性，具有高硬度、高热导率、高电阻率、良好光学透过性、优异的摩擦学特性以及良好的生物相容性等特性。这些特性为 DLC 材料在现代科技和工业领域中的广泛应用提供了良好的基础，使其在航空航天、机械电子、外观装饰、光电器件、生物医学等众多领域中都有着广阔的应用前景，引起了科研工作者们广泛研究的热潮。DLC 薄膜的制备方法源于人造金刚石的制备。20 世纪 70 年代，Aisenberg 和 Chabot 采用离子束沉积的方法首次在室温条件下制备了 DLC 薄膜。随着科学技术的不断发展，科研工作者们已经成功开发出了物理气相沉积(PVD)方法、CVD 方法以及液相法等制备 DLC 薄膜的许多新方法、新技术，制备出了一系列不同组分、结构、性能的 DLC 薄膜。其中，CVD 是 20 世纪 80 年代初发展起来的一种材料表面改性技术，是利用化学反应的原理，从气相物质中析出固相物质并沉积于基片表面形成薄膜的一种沉积工艺。利用 CVD 方法制备的 DLC 薄膜膜层致密、和基体结合力好、膜厚均匀、膜层质量稳定、易于实现批量生产，因而得到了广泛的应用。目前，制备 DLC 材料的 CVD 方法主要有热丝 CVD 法、等离子体 CVD 法、直流等离子体喷射 CVD 法、电子回旋共振 CVD 法、激光诱导 CVD 法及火焰 CVD 法等。

2.1.4　富勒烯的研究与应用

富勒烯是一种由 60 个碳原子构成的 C_{60} 分子，它形似足球，因此又名足球烯,其晶体结构如图 2.3 所示。它具有 60 个顶点和 32 个面,其中 12 个为正五边形,20 个为正六边形。六元环的每个碳原子均以双键与其他碳原子结合,形成类似苯环的结构,处于顶点的碳原子与相邻顶点的碳原子以近似于 sp^2 杂化轨道重叠形成 σ 键,每个碳原子的 3 个 σ 键分别为 1 个五边形的边和 2 个六边形的边。它的 σ 键不同于石墨中 sp^2 杂化轨道形成的 σ 键,也不同于金刚石中 sp^3 杂化轨道形成的 σ 键,是以 $sp^{2.28}$ 杂化轨道(s 成分为 30%,p 成分为 70%)形成的 σ 键。每个碳原子的 3 个 σ 键都不是共平面的,键角约为 108°或 120°,因此整个分子为球状。每个碳原子用剩下的一个 p 轨道互相重叠形成一个含 60 个 π 电子的闭壳层电子结构,因此在近似球形的笼内和笼外都围绕着 π 电子云。C_{60} 的 π 键垂直于球面,含有 10%的 s 成分,90%的 p 成分,即为 $s^{0.1}p^{0.9}$。C_{60} 中两个 σ 键间的夹角为 106°,σ 键和 π 键的夹角为 101.64°。C_{60} 具有金属光泽,有许多优异性能,如超导、半导体、强磁性、耐高压、抗化学腐蚀等,因而在光、电、磁等领域都有潜在的应用前景。同时,随着人们对其化学和物理性能研究的不断深入,富勒烯材料已对化学、物理、医药、材料等学科的发展产生了一定影响,具有重要的应用价值。由于 C_{60} 的共轭 π 键是非平面的,环电流较小,芳香性也较差,显示出不饱和双键的性质,易于发生加成、氧化等反应,因而可以合成大量的 C_{60} 衍生物。现在富勒烯家族不断扩大,除 C_{60}、C_{70} 和碳纳米管外,人们还相继分离出了 C_{76}、C_{84}、C_{90}、C_{94} 等。同样,富勒烯的衍生物也具有许多优异的性能。例如,掺杂碱金属的 C_{60}-K_3C_{60} 和 Rb_3C_{60} 具有超导性,并且具有较高的超导临界温度,分别为 18 K 和 28 K。美国朗讯公司贝尔实验室将氯仿($CHCl_3$)和溴仿($CHBr_3$)掺入 C_{60} 中,使超导临界温度大大提高。将来如能将 C_{60} 掺杂物的超导临界温度提高到室温,人类就会得到极理想的超导材料。

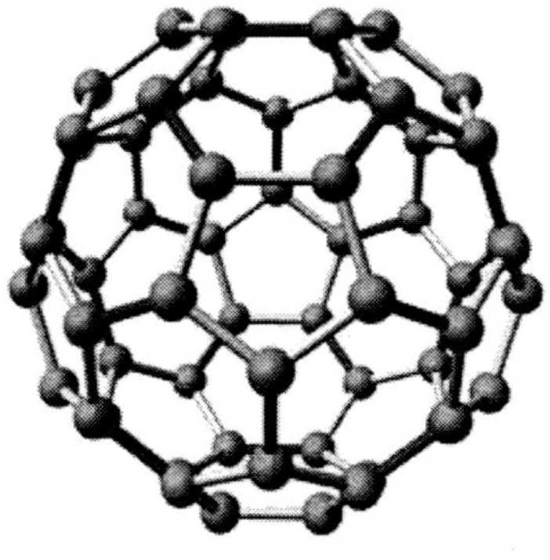

图 2.3　富勒烯的晶体结构图

2.1.5　碳纳米管的研究与应用

碳纳米管(CNT)又名巴基管,是一种具有特殊结构(径向尺寸为纳米量级,轴向尺寸为微米量级)的一维量子材料,其晶体结构如图 2.4 所示。它是由单层或多层石墨片围绕中心轴按一定的螺旋角卷绕而成的无缝、中空的“微管”,每层是由 1 个碳原子通过 sp^2 杂化与周围 3 个碳原子完全键合后所构成的六边形组成的圆柱面。1991 年,日本 NEC 科学家 Lijima 在制取 C_{60} 的阴极结疤中首次采用高分辨隧道电子显微镜(HRTEM)发现一种外径为 515 nm、内径为 213 nm、仅由 2 层同轴类石墨圆柱面叠合而成的碳结构。进一步的分析表明,这种管状结构完全由碳原子构成,并可看成由单层石墨六角网面以其上某一方向为轴,卷曲 360°而成的无缝中空管。相邻管子之间的距离约为 0.34 nm,与石墨中碳原子层与层之间的距离 0.335 nm 相近,所以这种结构一般被称为碳纳米管,这是继 C_{60} 之后发现的又一碳的同素异形体,是碳材料领域的又一重大科研成果。根据形成条件的不同,碳纳米管存在多壁碳纳米管(MWNT)和单壁碳纳米管(SWNT) 两种形式,如图 2.4 所示。MWNT 一般由几层到几十层石墨片同轴卷绕构成,层间间距为 0.34 nm 左右,其典型的直径和长度分别为 2~30 nm 和 0.1~50 μm。SWNT 由单层石墨片同轴卷绕构成,其侧面由碳原子六边形排列组成,两端由碳原子的五边形封顶,管径一般为 10~20 nm,长度一般可达数十微米,甚至长达 20 cm。利用碳纳米管储氢是具有很大发展潜力的应用领域之一,室温常压下,约三分之二的氢能从碳纳米管中释放出来,而且可被反复使用。碳纳米管储氢材料在燃料电池中用于氢气存储,对电动汽车的发展具有非常重要的意义,可取代现用高压氢气罐,提高电动汽车的安全性。同时,碳纳米管由于尺寸小、比表面积大、表面的键态和颗粒内部不同、表面原子配位不全等使得表面的活性位置增加,是理想的催化剂载体材料。碳纳米管还可应用在场发射平板显示器(FED)、荧光灯、气体放电管和微波发生器。其中碳纳米管平板显示器是最具应用潜力和商业价值的领域之一。

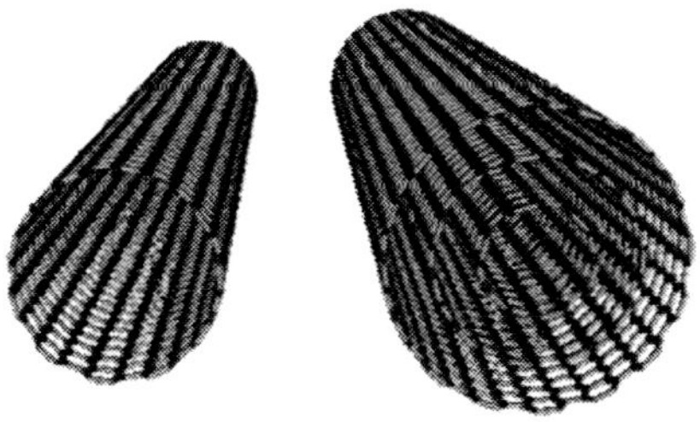

(a)SWNT　　(b)MWNT

图 2.4　单壁纳米管(SWNT)和多壁碳纳米管(MWNT)的结构示意图

2.2 从石墨到石墨烯

石墨烯,顾名思义,与石墨有一定的渊源。在剥离石墨时,随着薄片厚度的逐渐减小,石墨材料就会过渡到碳的另一种晶体结构:石墨烯。简单来说,石墨烯就是单层石墨层片,是石墨的极限形式,也是构成石墨的基本结构单元。但不能将石墨烯简单地理解为“被减薄的石墨”,从石墨到石墨烯是一个“量变引起质变”的过程。石墨烯与除金刚石外所有碳材料的晶体结构都有着紧密的联系,可以团聚成零维的富勒烯,卷曲成一维的碳纳米管,堆叠成三维的石墨,因此其是构建其他维度碳材料的基本单元,如图 2.5 所示。

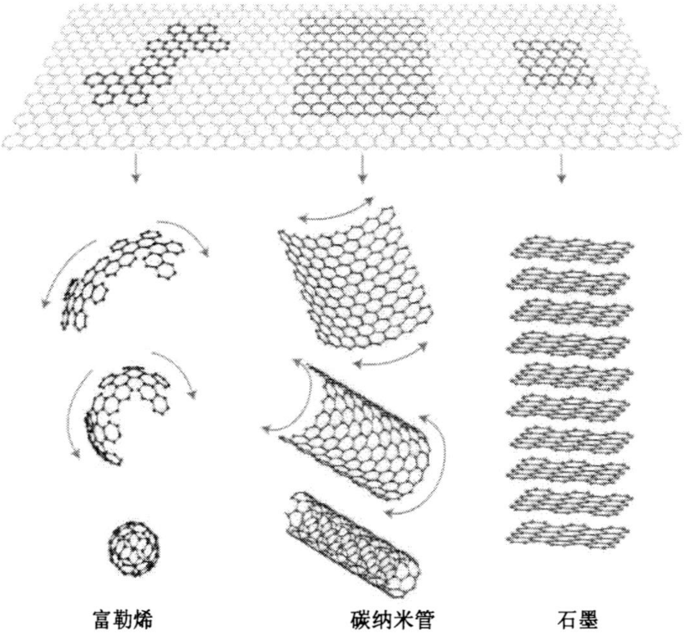

图 2.5　石墨烯:其他维度碳材料的基本单元

2.2.1　石墨烯的发现

如前所述,石墨烯在理论上并不是一个新事物,其实,它在我们的日常生活中经常出现,但是直到 2004 年,石墨烯才被真正重视起来,出现在碳材料的“家谱”中。石墨烯首次发现是从石墨上剥离下来的,从理论上对石墨烯特性的预言到实验上的成功制备,经历了近 60 年时间。2004 年,盖姆和诺沃肖罗夫在《科学》杂志上发表了关于石墨烯的第一篇文章,介绍了石墨烯的获取方法及其场效应特性检测结果。让人意想不到的是,他们所采用的方法,即所谓的“微机械剥离法”的关键之处竟然是用最普通的胶带在高定向热解石墨上反复剥离,最终获得了石墨烯。事实上,他们曾经尝试了很多先进的仪器和方法,却都没能成功。谁也想不到是这样一种最简单的方法让获得石墨烯的梦想成真。这一发现看似偶然,其实是必然的结果。胶带一直是用来清理和收集石墨废屑最有效、最简单的工具,盖姆和诺沃肖罗夫则用它来粘撕石墨晶体,最终在剥离下来的大量石墨碎片中找到了石墨烯。机械剥离法目前可以制备出尺寸达 1 mm 的石墨烯。石墨烯的发现者,盖姆和诺沃肖罗夫于 2010 年获诺贝尔物理学奖。

2.2.2　石墨烯的结构

石墨烯,即单层石墨片,仅有一个原子(尺寸厚约 0.35 nm),是由 sp^2 杂化的碳原子紧密排列而成的二维蜂窝状晶体结构,其晶体结构如图 2.6 所示,它看上去就像一张由六边形网格构成的平面。每个碳原子通过 sp^2 杂化与周围碳原子成键构成正六边形,每一个六边形实际上类似一个苯环。石墨烯中的碳-碳键长约为 0.142 nm,每个晶格内有 3 个 σ 键,连接十分牢固,形成了稳定的六边形网状结构,是构成石墨的基本结构单元。每个碳原子都贡献出一个 p 轨道上未成键电子,形成大 π 键,垂直于晶面方向上的 π 电子可以自由移动,在石墨烯导电的过程中起到了很大的作用,赋予石墨烯良好的导电性。石墨烯的结构非常稳定,碳原子之间的连接极其柔韧。受到外力时,碳原子面发生弯曲变形,使碳原子不必重新排列来适应外力,从而保证了自身结构的稳定性。石墨烯通过在表面形成褶皱或吸附其他分子来维持自身的稳定性,纳米量级的表面微观粗糙度可能是二维晶体具有较好稳定性的根本原因。石墨烯是有限结构,能够以纳米级条带的形式存在。纳米条带中电荷在横向移动时会在中性点附近产生一个能量势垒,势垒随条带宽度的减小而增大。因此,可以通过控制石墨烯条带的宽度来进一步得到所需要的势垒。这一特性是开发以石墨烯为基础的电子器件的基础。

图 2.6　石墨烯的晶体结构图

2.2.3　石墨烯的性能及应用

石墨烯具有独特的单原子层二维晶体结构,集多种优异性能于一身。石墨烯具有优异的光学性能,理论和实验结果均表明,单层石墨烯的可见光透过率可达 98%左右。常温下,电子在石墨烯中传输时不易发生散射,载流子迁移率可达 $2\times10^5\ cm^2/(V\cdot s)$,约为硅中电子迁移率的 140 倍。其电导率可达 10^6 S/m,石墨烯的面电阻约为 31 Ω/sq,是室温下导电性最佳的材料。因此,结合前面介绍的优异的光学特性,石墨烯薄膜作为一种典型的透明导电薄膜,可以取代传统的薄膜材料应用于光电器件的窗口层和电极材料。另外石墨烯是一种典型的半金属,其能带特点是导带与价带之间有一小部分重叠。无须热激发,价带顶部的电子会流入能量较低的导带底部。石墨烯这种极佳的电学和光学性能使其在光电子信息领域呈现了极具吸引力的应用前景。石墨烯还具有完美的力学和热学性能,它是已知材料中强度和硬度最高的晶体结构,其抗拉强度和弹性模量分别为 125 GPa 和 1.1 TPa。因此石墨烯可作为一种典型的二维增强相,在复合材料领域具有潜在的应用价值。石墨烯的室温热导率约为 $5\times10^3\ W/(m\cdot K)$,是室温下铜的热导率的 10 倍多。石墨烯是一种超轻材料,其面密度为 0.77 mg/m^2,理论比表面积可达 2 630 m^2/g。得益于这些优异的性能,石墨烯在太阳能电池、传感器方面、纳米电子学、高性能纳电子器件、复合材料、场发射材料、气体传感器及能量存储等领域中都可以得到广泛的应用。

2.3　碳材料在光电器件中的应用

2.3.1　在光电探测器中的应用

1. 碳纳米管薄膜光电探测器

碳纳米管薄膜光电探测器是一种极具潜力的新型探测器。它具备高红外吸收系数、高迁移率、广泛的基底适配性以及低温加工工艺等诸多优良特性。随着碳纳米管溶液提纯技术的不断进步，如今已经能够制备出高半导体纯度的碳纳米管薄膜，这为大规模生产高性能光电探测器件以及逻辑电路等奠定了坚实的材料基础。

红外探测器：碳纳米管薄膜在红外探测领域中展现出巨大的应用潜力。目前，科研人员已经成功开发出多种类型的碳纳米管基红外探测器，包括热探测器、光电导探测器和光伏探测器等。例如，有研究团队利用非对称欧姆接触金属，巧妙地制备出无势垒双极性碳纳米管二极管探测器，并在此基础上开展了一系列深入的研究工作，为红外探测技术的发展开辟了新的路径。

碳基光电二极管：全碳结构的设计显著增强了光电探测器在宽波长范围内的响应能力。所研制的碳基光电二极管在近红外波长下，展现出了快速的响应特性，其上升时间仅为 15 μs，响应率高达 1.75 A/W。此外，该器件还具备栅极可调谐和波长相关的光电特性，且其制造工艺与传统的硅基工艺完全兼容，这为大规模生产大面积多元光电子器件提供了便利条件。

多壁碳纳米管阵列 p-n 结柔性红外探测器：2016 年，Huang 等报道了一种创新性的基于多壁碳纳米管阵列 p-n 结的柔性红外探测器。其通过将非掺杂 p 型半导体碳纳米管与氮掺杂的 n 型半导体碳纳米管相结合，形成 p-n 结，使得该探测器在经过超过 100 次的弯曲测试后，依然能够保持正常工作，充分证明了其作为柔性传感器件的可行性和优异的机械性能。

碳纳米管/Si 异质结光电器件：2018 年，Raid 等成功制备了多壁碳纳米管/n-Si 异质结光电器件。实验结果表明，该异质结具备良好的整流特性，具有较小的漏电流和较大的整流比。在可见光照射下，器件展现出了出色的时光响应性和高的开关比，在 600 nm 波长处，其最大量子效率可达 63%，响应时间更是短至 30 ns 左右,这一成果为碳纳米管在光电器件领域的应用提供了有力的实验证据。

2. 石墨烯光电探测器

石墨烯光电探测器主要分为两大类型:基于石墨烯 p-n 结的光电探测器和基于双层石墨烯的光电探测器。其中,基于石墨烯 p-n 结的光电探测器可以进一步细分为石墨烯垂直 p-n 结光电探测器和石墨烯平面 p-n 结光电探测器。石墨烯 p-n 结通常通过石墨烯与电解质或金属栅极等相互作用形成的肖特基势垒来实现。石墨烯具有独特的二维结构、优异的载流子迁移率以及对光的高透过率等优点,这使得石墨烯光电探测器在光通信、生物医学成像、环境监测等领域中有着广泛的应用前景。

光通信领域:石墨烯光电探测器在光通信领域有望替代传统的硅基探测器。其原因在于石墨烯对光的探测范围可覆盖从紫外到红外的宽波段,能够满足人们对不同通信波长的需求。同时,石墨烯的高电子迁移率使其能够在高速数据传输过程中保持良好的性能,为实现高速、大容量的光通信提供了可能。

生物医学成像:在生物医学成像领域,石墨烯光电探测器可用于近红外波段的成像。由于近红外光具有较好的组织穿透能力,石墨烯探测器能够接收到从生物体内透射或散射出的光信号,并将其转化为电信号进行分析,这有助于实现对生物组织的无损检测和疾病诊断,为医疗技术的发展提供了新的工具。

2.3.2 在太阳能电池中的应用

碳薄膜材料可用于制备太阳能电池,有效地将光能转化为电能。例如,碳纳米管可用于太阳能电池的透明导电电极、电子传输层等部分。由于碳纳米管具有优异的电学性能和光学性能,其能够有效地提高太阳能电池的光电转换效率。

透明导电电极:碳纳米管薄膜具有良好的导电性和透光性,可作为透明导电电极应用于太阳能电池中。与传统的透明导电材料如氧化铟锡(ITO)相比,碳纳米管透明导电电极具有成本低、制备工艺简单、机械性能好等优点。同时,碳纳米管薄膜可以通过溶液法制备,易于实现大面积的生产,这对于降低太阳能电池的制造成本具有重要意义。

电子传输层:在太阳能电池中,电子传输层起着收集和传输光生电子的关键作用。碳纳米管薄膜作为电子传输层,可以有效地提高电子的传输效率,减少电子与空穴的复合,这有助于提高太阳能电池的开路电压和短路电流,从而提升其整体性能。

2.3.3　在发光二极管中的应用

碳纳米管薄膜具有良好的导电性和透光性,可作为透明导电电极应用于发光二极管中。例如,化学所有机固体院重点实验室与日本索尼公司材料实验室的科研人员合作,发展了一种优化碳纳米管薄膜技术,显著改善了薄膜的导电性,同时保证了良好的透光度,最终优化的碳纳米管薄膜代替 ITO 作为阳极,成功地制备了有机发光二极管。

有机发光二极管(OLED):在 OLED 中,碳纳米管透明导电电极可以替代传统的 ITO 电极,解决 ITO 脆性高、成本高、资源稀缺等问题。同时,碳纳米管电极具有良好的柔韧性,能够满足柔性 OLED 的需求。此外,碳纳米管与有机发光材料之间的界面相互作用可以提高载流子的注入效率,从而增强 OLED 的发光性能。

量子点发光二极管(QLED):在 QLED 中,碳纳米管透明导电电极同样具有广阔的应用前景。碳纳米管电极可以与量子点材料形成良好的界面接触,提高量子点的发光效率和稳定性。同时,碳纳米管电极的高导电性可以降低 QLED 的工作电压,提高其能量转换效率。

2.3.4　在光电子器件中的其他应用

1. 光电器件集成

碳纳米管可以同时构建高性能的集成电路、光发射和光探测器件,是理想的光电一体化集成平台。其半导体碳纳米管的带隙可以随手性调节,覆盖短波红外波段,并且碳纳米管器件可以采用低温无掺杂的加工工艺,满足三维集成的热预算要求。

三维光电集成:碳纳米管的这些特性使其适合用于三维光电集成,能够在有限的空间内实现更多的功能集成,这不仅提高了光电子器件的集成度和性能,还为小型化、高性能化的光电子设备的研发提供了可能。

在片光电集成:碳纳米管与衬底不存在晶格失配问题,这有利于实现多层堆叠的在片光电集成。这种集成方式可以提高光电子器件的复杂度和功能多样性,满足现代光电子技术对器件性能的高要求。

2. 类突触器件

在神经形态计算领域,研究人员利用全碳异质结薄膜成功实现了光激励的新颖类突触器件。这些器件能够模拟生物突触的短时程可塑性和长时程可塑性等特性,并且可以实现多通道光激励信号的逻辑运算。

神经形态计算:类突触器件是构建神经网络的重要组成部分,其性能直接影响神经形态计算系统的效率和功能。碳基类突触器件具有功耗低、速度快、可塑性强等优点,有望在未来的类脑计算和人工智能领域发挥重要作用。

光激励逻辑运算:通过光激励的方式,类突触器件可以在光信号的控制下实现逻辑运算功能,这为光电子器件与神经计算的融合提供了新的思路,也为开发新型的光计算技术奠定了基础。

3. 透明导电薄膜

碳纳米管薄膜在导电、透光和柔性方面都呈现良好的特性,有望成为透明导电的ITO薄膜的替代品,应用于平板显示、太阳能电池、发光二极管、特殊功能窗口涂层及其他光电领域。

平板显示:在平板显示技术中,如液晶显示器(LCD)、OLED等,透明导电薄膜是关键的组成部分。碳纳米管透明导电薄膜具有良好的柔韧性和导电性,能够满足柔性显示的需求。同时,其制备成本相对较低,有助于降低平板显示器件的生产成本。

特殊功能窗口涂层:在一些特殊的应用场景中,如汽车玻璃、建筑玻璃、航空航天窗口等,需要具有特殊功能的透明导电涂层。碳纳米管透明导电薄膜可以通过表面改性等方式实现防雾、除冰、电磁屏蔽等功能,满足不同领域的特殊需求。

4. 光电器件的先进存储器

碳基薄膜是开发下一代存储器件(如电阻式随机存取存储器(RRAM))不可或缺的一部分。碳基RRAM具有结构简单、操作速度快、功耗低、可扩展性强等优点。

存储器件的优势:碳基RRAM的存储原理主要基于碳薄膜在电场作用下的电阻变化。通过控制电压的大小和方向,可以实现碳薄膜在高阻态和低阻态之间的切换,从而实现数据的存储和擦除。其简单的结构使其易于集成到现有的半导体工艺中,快速的操作速度和低功耗特性使其在移动设备和物联网领域具有广阔的应用前景。

与光电器件的融合：在光电器件中，碳基 RRAM 可以与其他光电器件（如光电探测器、太阳能电池等）集成，实现光信号与电信号的存储和处理一体化。这有助于提高光电子系统的整体性能和功能集成度，为未来智能光电子设备的发展提供技术支持。

2.4 碳基光电器件的国内外研究现状

作为一种新型的光电功能材料，碳薄膜材料的制备以及其在光电器件中的应用一直伴随着太阳能电池的发展而发展。各种各样的碳材料形态以及合成方法被报道和发表，从 20 世纪 80 年代，类金刚石薄膜作为硅基太阳能电池的减反层以及防护涂层材料以来，碳薄膜材料在太阳能电池中的应用研究就一直备受关注。基于各种各样碳材料的器件都被研究过，包括把碳材料作为窗口层或者功能层材料直接参与光电转换等。20 世纪 90 年代开始，富勒烯、碳纳米管、石墨烯的相继发现为碳家族添加了一大类新成员，同时也为太阳能电池的制备提供了很好的原材料。尤其是 2004 年以后，具有高迁移率、高透光率、高稳定性、可功能化等超强光电性质的石墨烯的发现再一次引起了全世界对于碳薄膜材料的关注。在光电器件领域，也逐渐开始出现了碳材料的身影，例如，碳基异质结电池甚至全碳太阳能电池的提出与研究。2012 年，来自盖恩斯维尔佛罗里达大学的 S. Tongay 和 A. F. Hebard 研究探讨了以石墨烯作为透明电极的高效率石墨烯太阳能电池。随后，来自美国麻省理工学院的 R. M. Jain 等研究了以单壁碳纳米管和富勒烯作为给体和受体材料的准全碳太阳能电池。紧接着，同一年，斯坦福大学的 M. P. Ramuz 等报道了真正意义上的全碳太阳能电池，整个电池从上电极到功能层材料以至于背电极都是用的碳薄膜材料。截至 2014 年 10 月，基于碳材料的太阳能电池的最高效率的纪录刷新者来自西班牙的海梅一世大学和牛津大学组成的光伏和光电器件组（DFO），他们将 TiO_2 和石墨烯结合在一起，当作电荷收集器，并且使用钙钛矿作为太阳光吸收器，测得的有效转化率达到 15.6%。

同国际水平相比，中国关于碳材料在太阳能电池中的应用研究也开始得比较早，在 1989 年的欧洲光伏会议中，来自西安交通大学的 R. Q. Cui 等报道了利用类金刚石薄膜做太阳能电池的高品质薄膜。随后也有很多的科研院所和高校报道了他们关于含碳染料敏化电池、有机太阳能电池以及碳硅异质结电池的研究。S. G. Yin 和 Y. S. Chen 小组分别于 2008 年和 2009 年连续报道了石墨烯衍生物在体异质结聚合物太阳能电池中作为活性层的研究。Z. Y. Liu 等在 2010 年也报道了采用 P_3HT、多壁碳纳米管和石墨烯作为活性层的聚合物有机太阳能电池。清华大学的朱宏伟研究小组分别于 2010 年和 2013 年报道了由石墨烯和 n 型硅构成的碳硅异质结太阳能电池,器件的最高效率可达 9.63%。

随着薄膜制备技术、分析测试手段以及纳米技术的不断发展,人们对传统薄膜结构及性能认识的不断加深,薄膜材料的研究也从单一组分向复合化、梯度化、多层化以及智能化方向发展,为多尺度设计和制备高性能的碳基薄膜提供了新的发展机遇。而随着太阳能电池实用化进程的进一步深入,高效率、低成本太阳能电池的制备已经成了不可逆转的趋势,而实现大面积、低成本的太阳能薄膜材料的制备是新型太阳能电池提高效率和降低成本的必要前提,有着举足轻重的作用。碳材料由于其原子结合类型的不同而形成不同的同素异形体,进而呈现出很多优异的电子以及光学性质,在太阳能电池效率的提高上具有很大的吸引力。而且,碳材料由于储量丰富、性质稳定以及有大量的前期研究基础,可以很好地实现大批量生产,大大降低制备成本,因此,碳材料在下一代太阳能电池器件的制备中有着巨大的潜力。同时,“全碳太阳能电池”概念的提出也为新型太阳能电池材料的探索指明了方向,由此,再一次激发了很多碳材料科研工作者的研究热情。

2.5 课题研究的意义及主要内容

目前,虽然研究人员在石墨烯薄膜的制备、表征和应用研究等方面都取得了丰硕的研究成果,但是,这种新概念的提出毕竟时间还不长,需要探索和研究的课题还有很多,进一步改善和创新石墨烯薄膜的制备方法、扩大和开发其应用领域等方向的研究依然有待于进一步开展。比如,目前,大批量石墨烯薄膜的制备主要使用的是化学湿法合成的方法,但是在这些化学合成的过程中往往需要引入一些氧化剂、还原剂或者催化剂等难以清除的有机杂质,这些新的杂质的存在不仅会影响后续器件的制备,也会在石墨烯薄膜中引入大量的缺陷,严重影响器件的性能。因此,直接在功能衬底上生长石墨烯薄膜可以很好地避免复杂的转移过程和由此引入的杂质以及薄膜质量下降的问题。但是在功能衬底上直接生长石墨烯薄膜的技术尚未十分成熟,还存在较多问题亟待解决。同时,关于在沉积石墨烯薄膜过程中的热力学以及动力学机理研究也是众说纷纭,意见不一,仍需更深入的理论和实验分析及论证。另外,充分利用石墨烯薄膜优异的光电性质,实现其在光电器件中的应用,尤其是在太阳能电池产业中的应用,也仍然是一个有待挑战的课题。

作为一种新型的低维碳功能材料,石墨烯薄膜得益于其超高的载流子迁移率、电导率、热导率和良好的光学透过性和半导体特性,已经在光电器件领域中得到了一些应用。但是,目前的科研论文中大多数都是利用一些化学方法将石墨烯薄膜与其他的有机材料进行组合以构成具有一定性能的光电器件,或者是将利用 CVD 方法制备好的石墨烯薄膜转移到硅衬底上以构成异质结器件,这些尝试普遍存在器件性能不稳定、操作工艺复杂、器件转换效率偏低的问题。基于此,本书通过改进石墨烯薄膜的制备方法、改进石墨烯薄膜的性能以及改进器件的结构和工艺流程等来进一步降低太阳能电池的生产成本,提高器件效率。在新型功能材料的制备上,本书采用了 PECVD 方法,相比于传统的化学方法和 CVD 方法,PECVD 方法能够在低温、无催化剂的条件下直接在目标衬底上大面积制备高质量的碳薄膜材料。本书很有特色地实现在没有氢气且衬底温度较低(300 ℃)的条件下直接在硅衬底上沉积得到石墨烯薄膜,避免了在器件制备过程中由于复杂转移过程而引起的污染和损伤问题,有效地简化了工艺流程,降低了成本。而在新型光伏器件的改进上,本书深入研究了目前太阳能电池市场最成熟的晶体硅电池中所存在的界面态过高、钝化差、载流子传输慢以及结构复杂等方面的问题。鉴于石墨烯薄膜有着完美的二维平面结构以及优异的电学和光学性能,能很好地解决晶体硅电池的载流子输运和界面态的问题。加上碳材料与晶体硅在晶格匹配、材料搭配等方面的优势,都将有可能很好地解决晶体硅电池生产工艺中存在的原材料成本高和效率受限的问题。本书尝试将成本低廉的新型碳功能材料——石墨烯薄膜和结构简单的 SIS 结构太阳能电池组合起来,以期充分利用二者的优势,达到制备高效率、低成本太阳能电池的目的。

本书以甲烷为碳源,氩气为辅助气体,采用 RF-PECVD 的方法,分别在不同的衬底上尝试了石墨烯薄膜的无氢无催化剂低温生长,并对不同的沉积参数进行了扫描与对比研究。随后,分别对所得材料的形貌以及结构组成进行了表征,重点研究了不同沉积参数对所得材料的结构、表面形貌以及元素组成形态的影响。并且,本书从热力学和动力学角度对 PECVD 生长碳薄膜材料的机理进行了分析,由此,可以根据沉积条件的选择制备出适用于各种用途的不同结构和性能的新型碳薄膜材料,这对新型光电子器件特别是太阳能光伏器件的应用有着重要的指导意义。同时,本书结合晶体硅太阳能电池器件结构和碳基太阳能电池的优势,将石墨烯很好地耦合到 SIS 结构异质结器件中,进一步提高了电池效率。最后,本书进行了石墨烯薄膜的掺杂改性方面的研究与探讨,进一步改善了石墨烯薄膜的光电特性,提升了基于掺杂石墨烯薄膜的太阳能电池的光电性能。具体内容安排如下:

第 1 章和第 2 章为全文的基础理论部分,首先对太阳能电池的基本概念、基本原理以及类别做了简单介绍;接着,论述了碳薄膜材料及其在光电器件中应用的研究背景;最后,分析了当前国内外关于二维碳基薄膜及其应用研究的现状以及存在的主要问题,进而阐述了该课题提出的依据、主要研究内容及研究意义。

第 3 章介绍了制备二维碳基薄膜和碳硅异质结器件的过程中用到的主要实验材料、仪器设备,以及制备的工艺方法;对碳薄膜材料的常规表征手法进行了说明,包括形貌、物相和结构组成及其光学、电学特性等方面,给出了本书中对所制备的异质结器件的光电特性的表征手段及分析方法。

第 4 章着重研究了沉积时间、衬底温度和衬底形貌对 PECVD 生长碳材料的影响,分析了不同条件下所得碳薄膜材料的形态及结构组成,以及造成影响的原因。此外,用获得的不同结构的碳薄膜材料和单晶硅材料进行了器件的制备与组装,通过光电特性的测量分析了不同结构碳薄膜材料对器件性能的影响。

第 5 章对 PECVD 沉积碳材料的生长机理进行了更进一步的分析与探讨。从热力学和动力学角度对 PECVD 生长碳材料整个反应过程的理论机理进行了详细的探讨,揭示了碳材料沉积生长过程中不同阶段的主要影响因素及作用机理,从而通过有针对性的调制生长参数来实现碳薄膜材料的可控性生长。

第 6 章系统阐述了异质结界面对光电器件性能的决定性作用及其可工程化调控途径,核心可归纳为“机理-策略-应用”三层逻辑。异质结界面因能级匹配、电场分布、界面态密度、晶格缺陷及化学/热稳定性等微观属性,从根本上决定了光电器件的光电转换效率、载流子迁移率、稳定性、发光效率和晶体管性能；通过表面处理、中间层插入、能带调控、缺陷修复与纳米结构设计等原子级界面工程手段，可在硅、有机、钙钛矿及二维范德华异质结中同时优化电荷分离与传输、抑制复合与应力、提升光提取与稳定性，从而将太阳能电池、LED、晶体管等器件推向高效率、长寿命和可集成应用的新极限。

第 7 章围绕“载流子动力学”展开，系统阐述了光、电激励下电子-空穴对的产生、漂移/扩散迁移与直接/间接复合三大微观过程及其对器件性能的决定性作用；进而介绍了通过堆叠顺序、中间层、光场和材料设计进行动力学调控的策略，并综述了瞬态吸收、光致发光、时间分辨太赫兹等研究方法；最后聚焦二维材料，揭示其超快时域热化与激子-激子湮灭、高空域扩散系数及范德华异质结构层间超快电荷-能量转移的独特动力学特征，为高效光电器件的精准优化提供理论基础与实验途径。

第 8 章以甲烷为碳源，在铜箔衬底上制备出了大面积高质量的单层石墨烯薄膜；并且将石墨烯很好地耦合到 ITO/SiO_x/n-Si 异质结结构中，解决了界面态与费米能级钉扎的问题，大大改善了短路电流与开路电压，从而进一步提高了电池效率；对比了不同结构的器件性能，给出了最优的器件制备方案和结果。

第 9 章进行了石墨烯薄膜的掺杂改性方面的研究与探讨，采用原子替换的方式，实现了石墨烯的晶格掺杂，制备了以氮原子为异质原子的氮掺杂石墨烯薄膜，改善了石墨烯薄膜的光电特性；以此进一步提升基于掺杂石墨烯薄膜的碳硅异质结太阳能电池的光电性能，并对掺氮石墨烯薄膜在器件中的改性作用进行了分析。

第 10 章为结论和展望，对本书的主要工作和结果做出了总结，展望了本书研究中所制备的石墨烯及掺氮石墨烯薄膜在光电器件中的潜在应用及广阔前景。最后，指出了本书研究中的不足之处以及下一步改进的方案和参考意见。

参考文献

[1]　关磊. 碳纳米薄膜材料的研究进展[J]. 材料与结构, 2012, 49(8): 522-525.

[2]　YANG Y Q, QI S H, ZHANG Y. Development of graphite and its derivatives [J]. Materials review, 2011, 25(8A): 53-57.

[3] KATHLEEN L. Diamonds, natural and artificial[J]. Nature, 1994, 153(3892): 669-672.

[4] BELTON D N, HARRIS S J, SCHMIEG S J, et al. In situ characterization of diamond nucleation and growth[J]. Applied physics letters, 1989, 54(5): 416-418.

[5] LIFSHITZ Y. Diamond-like carbon-present status[J]. Diamond and related materials, 1999, 8(8): 1659-1676.

[6] PANG H, WANG X, ZHANG G, et al. Characterization of diamond-like carbon films by SEM, XRD and Raman spectroscopy[J]. Applied surface science, 2010, 256(21): 6403-6407.

[7] ISHIDA H N, SATAKE G H, JEONG Y, et al. Experimental study of fullerene-family formation using radio-frequency discharge reactive plasmas[J]. Thin solid films, 2002, 407(1-2): 26-31.

[8] MEYYAPPAN M, DELZEIT L, CASSELL A, et al. Carbon nanotube growth by PECVD: a review[J]. Plasma sources science & technology, 2003, 12(2):205-216.

[9] GEIM A K, NOVOSELOV K S. The rise of graphene[J]. Nature mater, 2007, 6(3): 183-191.

[10] SINGH V, JOUNG D, ZHAI L, et al. Graphene based materials: Past, present and future[J]. Progress in materials science, 2011, 56(8):1178-1271.

[11] NETO A H C, GUINEA F, PERES N M R, et al. The electronic properties of graphene[J]. Reviews of modern physics, 2009, 81:109-162.

[12] BROWNSON D A C, KAMPOURIS D K, BANKS C E. An overview of graphene in energy production and storage applications[J]. Journal of power sources, 2011, 196(11):4873-4885.

[13] NOVOSELOV K S, GEIM A K, MOROZOV S V, et al. Electric field effect in atomically thin carbon films[J]. Science, 2004, 306(5696): 666-669.

[14] MIAO X, TONGAY S, PETTTERSON M K, et al. High Efficiency Graphene Solar Cells by Chemical Doping[J]. Nano letters, 2012, 12 (6): 2745-2750.

[15] WANG T W, BALL J M, BAREA E M, et al. Low-Temperature Processed Electron Collection Layers of Graphene/TiO_2 nanocomposites in thin film perovskite solar cells[J]. Advanced materials, 2010, 22: 2743-2748.

[16] CUI R Q, LU Y M, ZHOU Z B, et al. The diamond-like carbon films by arc discharge deposition[C]. Commission of the European communities, Freiburg, West Germany, 1989.

[17] LIU Z, LIU Q, HUANG Y, et al. Organic photovoltaic devices based on a novel acceptor material: graphene[J]. Advanced materials, 2008, 20: 3924-3930.

[18] LIU Q, LIU Z, ZHANG X, et al. Polymer photovoltaic cells based on solution-processable graphene and P3HT[J]. Advanced functional materials, 2009, 19: 894-904.

[19] LIU Z, HE D, WANG Y, et al. Improving photovoltaic properties by incorporating both SPF Graphene and functionalized multiwalled carbon nanotubes[J]. Solar energy materials & solar cells, 2010, 94(12):2148-2153.

[20] LI X M, ZHU H W, KUNLIN WANG K L, et al. Graphene-on-silicon schottky junction solar cells[J]. Advanced materials, 2010, 22: 2743-2748.

[21] LI X M, XIE D, PARK H, et al. Anomalous behaviors of graphene transparent conductors in graphene-silicon heterojunction solar cells[J]. Advanced energy materials, 2013, 52: 1-6.

第3章　二维碳基薄膜及其异质结太阳能电池的制备与表征

3.1　实验原材料的准备及处理

3.1.1　实验原料

本书中用到的主要原料包含制备碳薄膜材料所需的相关气体以及制备碳硅异质结器件过程中所需的化学试剂。具体见表3.1。

表3.1　本书中用到的主要原料及各项参数

材料名称	化学式	规格	生产厂家
去离子水	H_2O	AR;≥18.2 MΩ·cm	ELGA Centra R200纯水机
丙酮	C_3H_5OH	AR;≥99.5%	国药化学试剂有限公司
无水乙醇	C_2H_5OH	AR;≥99.7%	国药化学试剂有限公司
异丙醇	C_3H_7OH	AR;≥99.7%	国药化学试剂有限公司
氢氧化钠	NaOH	AR;≥99.6%	国药化学试剂有限公司
过氧化氢	H_2O_2	AR;≥30%	国药化学试剂有限公司
氨水	NH_4OH	AR;25%~28%	国药化学试剂有限公司
浓盐酸	HCl	AR;36%~38%	国药化学试剂有限公司
浓硫酸	H_2SO_4	AR;95%~98%	国药化学试剂有限公司
浓硝酸	HNO_3	AR;65%~68%	国药化学试剂有限公司
氢氟酸	HF	AR;≥40%	国药化学试剂有限公司
聚甲基丙烯酸甲酯	PMMA	特定级	天津阿尔法埃莎公司

表 3.1(续)

材料名称	化学式	规格	生产厂家
三氯化铁	$FeCl_3$	化学纯	国药化学试剂有限公司
甲烷气体	CH_4	高纯;≥99.999%	上海五钢气体有限公司
氩气	Ar	高纯;≥99.999%	上海五钢气体有限公司
五氯吡啶	C_5NCl_5	≥98%	天津阿尔法埃莎公司
单晶硅片	Si	太阳能级;1~5 Ω · cm	九晶电子材料有限公司
玻璃	Glass	CAT. NO. 7101	天津阿尔法埃莎公司
黄铜片	Cu	≥99.9%	天津阿尔法埃莎公司
铜箔	Cu	99.999 9%	天津阿尔法埃莎公司
镍箔	Ni	99.99%	天津阿尔法埃莎公司

3.1.2　衬底处理

为了便于研究衬底对沉积二维碳基薄膜的影响,我们选择了 5 种不同的衬底材料:单晶硅、玻璃、铜片、铜箔、镍箔,并分别对这些衬底做了相应的清洗及后续处理,下面对各种衬底的处理方法分别进行说明。本实验中采用的硅衬底是厚度为 175 μm,晶向<100>方向的 n 型太阳能级单晶硅片。在对硅衬底的前期处理过程中,我们先将切好的大小为 2.0×2.0 cm^2 的硅片进行了去损伤处理:依次用丙酮、乙醇和去离子水分别对硅片进行超声清洗,并重复两遍。然后用电子天平称取 20 g 的 NaOH 颗粒溶于 80 mL 的去离子水中,在 80 ℃的水浴锅中加热 10 min,再将硅片置于 20 mL 的 HCl 溶液与 80 mL 去离子水的混合液中反应 5 min,最后用去离子水冲洗 5 min。

然后,我们采用了 RCA 工艺对去损伤后的硅片进行清洗。首先,将硅片置于浓度比为 4:1的浓硫酸和过氧化氢的混合溶液中进行 80 ℃水浴加热 15 min,然后用去离子水冲洗 10 min 后再将硅片置于 $NH_3OH:H_2O_2:H_2O=1:1:5$的混合液中 80 ℃煮沸 15 min,随后再用去离子水冲洗 15 min 后再将硅片置于 $HCl:H_2O_2:H_2O=1:1:5$的混合液中 80 ℃煮沸 15 min 后,再次用去离子水冲洗 15 min。最后,在 5%的 HF 溶液中蘸取 80 s 后用去离子水冲洗 60 s 即可。

接下来,我们分别对其中一些清洗好的硅衬底做了不同的处理:

(a)用常规氧化炉 800 ℃通氧气 2 min 氧化形成一层厚度约为 5 nm 的二氧

化硅层,得到 Si-SiO_2 的衬底。

(b)用真空蒸发镀膜机在清洗过的硅衬底上蒸发一层厚度约 200 nm 的镍薄膜。

(c)用物理抛光的方法对硅片表面进行镜面抛光处理。

(d)用真空蒸发镀膜机在镜面抛光的硅衬底上蒸发一层厚度约 200 nm 的镍薄膜。

本实验中采用的玻璃衬底是厚度为 1~1.2 mm 的帆船牌载玻片,玻璃衬底的清洗流程为:依次用丙酮、乙醇和去离子水分别进行超声清洗,并重复两遍。另外,用真空蒸发的方法在一部分清洗过的玻璃片上蒸镀 200 nm 左右的镍膜。本实验中采用的铜片衬底是 Alfa 网站购买的纯度为 99.9%、厚度为 0.41 mm 的黄铜片(产品编号 45160)。铜箔衬底的纯度为 99.99%、厚度为 0.025 mm(产品编号 13382)。镍箔衬底的纯度为 99.99%、厚度为 0.025 mm(产品编号 10254)。在沉积之前需要先对铜片、铜箔、镍箔进行常规清洗以去除有机杂质:用丙酮和乙醇进行超声清洗,并重复两遍。此外,在进行常规清洗之后,还需用 5%的 HCL 溶液重复超声清洗 3 遍以便除去铜片表面的氧化铜杂质,每遍超声 10 min,最后,用去离子水冲洗 60 s 并用氮气吹干即可。由此,我们一共得到了 10 种不同表面形貌的衬底:硅片、Si-SiO_2、抛光硅、Si-Ni、Polish Si-Ni、玻璃、glass-Ni、铜片、铜箔、镍箔。

3.2 二维碳基薄膜的制备

3.2.1 射频等离子体增强化学气相沉积反应原理

射频等离子增强化学气相沉积设备的作用原理如下:当两极间通以较高电压(约 1 000 V)时,由于气体受到高能激发,稀薄气体中的残余正离子在电场中加速,有足够的动能轰击阴极,电子、离子、分子、原子将发生弹性或非弹性碰撞,产生更多的带电粒子,使这些原子或分子处于激发状态,一般情况下激发状态是不稳定的,受激原子可在 10^{-7}~10^{-9} s 内放出所获得的能量回复到正常状态,放出的能量以光量子的形式辐射出去,呈现瑰丽的发光现象。辉光放电的特征是电流强度较小(约几毫安),温度不高。辉光放电时,在放电管两极电场的作用下，电子和正离子分别向阳极、阴极运动，并堆积在两极附近形成空间电荷区。因正离子的漂移速度远小于电子，故正离子空间电荷区的电荷密度比电子空间电荷区大得多，使得整个极间电压几乎全部集中在阴极附近的狭窄区域内，这是辉光放电的一个显著特征。在辉光放电过程中，离子穿越放电区并最终打在阴极上，当他们打在阴极材料上时就会产生大量的二次电子，如果加在电极之间的电压足够大，那么这些高能量的电子与中性原子之间的非弹性碰撞将产生更多的离子，相互间的碰撞就会使气体分子产生电离，部分外层电子脱离原子核，形成电子、正离子和中性粒子混合组成的一种形态，这种形态就称为等离子态，即第四态。同时，二次电子的释放和离子的产生过程维持了等离子体的产生。等离子体从宏观来说是具有高位能高动能的气体团，整体是电中性的，但是在局部可以为非电中性，电场或磁场的高动能将外层的电子击出，结果电子已不再被束缚于原子核，而成为高位能高动能的自由电子。在辉光放电形成等离子体后，等离子体内部将处于动态平衡状态，由于电子迁移率远大于离子迁移率，导致电子在电极积累，使电极电势低于等离子体的电势，这相对于等离子体来说就会产生一个自偏压。在等离子体提供足够能量的情况下，等离子体中的电子与反应气体的分子不断碰撞，使原料气体解离、分解，这些分子将分解成多种成分：离子、原子以及活性基团（激发态），形成各种各样的活性基团，这些原子、分子与将会在负偏压的作用下，相互碰撞、迁移，到达衬底表面，沉积在衬底上的原子逐步由各自独立的离散型分布向聚集状态转变。同时离散核心之间的空隙逐渐被沉积的粒子所填充，即发生凝结过程。凝结伴随着晶核形成、合并与生长过程，实现连续沉积和连续生长，最终形成连续薄膜。

该设备射频频率为 13.56 MHz，通过射频激发反应气体产生等离子体实现碳薄膜材料的沉积。与 MWCVD 和 HFCVD 方法相比，PECVD 设备可以解决 MWCVD 设备沉积碳薄膜材料时由于等离子体作用范围有限导致的薄膜不均匀的缺点，可以实现薄膜的大面积均匀沉积。同时，该方法又可以避免采用 HFCVD 方法时由于热丝高温挥发而导致的对碳薄膜的污染问题。并且，PECVD 设备的功率密度和等离子体密度以及电子能量与另外两种设备相比要低很多，更有利于实现碳纳米材料的低维生长。微波与射频等离子体的参数比较见表 3.2。

表 3.2　微波与射频等离子体的参数比较

等离子体类型	功率密度 /(W/cm^2)	等离子体密度 /cm^{-3}	离子能量 /eV	电子温度 /eV
微波 (2.45 GHz)	120~300	2×10^{11}	10~20	10
电容耦合射频 (13.56 MHz)	0.3~3	$4\times10^{9}\sim3\times10^{10}$	~150	3~6

因此 PECVD 沉积碳薄膜有如下的优点:

(1)可以低温成膜,对基体影响小,并可以避免高温成膜造成的膜层晶粒粗大以及膜层和基体间生成脆性相等问题。

(2)可以在较低的压强下进行,由于反应物中的分子、原子、等离子粒团与电子之间的碰撞、散射、电离等作用,提高膜厚及成分的均匀性,得到的薄膜针孔少、组织致密、内应力小、不易产生裂纹。

(3)扩大了化学气相沉积的应用范围,特别是提供了在不同的基体上制取各种金属薄膜、非晶态无机薄膜、有机聚合物薄膜的可能性。

(4)等离子作用区域较大,且衬底大小和反应腔室的容量都可以根据需要设计增大,易于实现大规模工业化生产。

3.2.2　射频等离子体化学气相沉积装置

本实验所使用的碳材料沉积设备为沈阳新蓝天真空技术有限公司生产的450 型高真空射频等离子体增强化学气相沉积系统,该设备采用的是上下平板式电容耦合方式产生辉光放电,平行电容耦合式的下电极通过匹配接到射频等离子体发生器上。该系统主要由电源系统、控制系统、抽气系统、供气系统、真空腔室、加热系统等组成。其具体实物如图 3.1 所示。

具体描述如下:

(1)电源系统:主要包括射频电源、功率匹配调节器和射频电极 3 部分。

射频频率为 13.56 MHz,输出功率最大为 1 000 W。上电极(RF 电极)座在真空室上法兰盖上,喷头加 RF 射频能进行有效的高频绝缘,保证射频电源的可靠工作。

(2)控制系统:控制箱上主要有气体流量显示控制仪、压强控制电源、样品加热电源、SY500W 射频功率源、总控制电源、分子泵电源 6 部分。

(3)抽气系统:由机械泵、分子泵组成,机械泵的极限真空为 0.1 Pa,分子的极限真空为 5×10^{-5} Pa。

图 3.1　RF-PECVD 设备实物图

(4)供气系统:气路系统主要有 5 路进气,本实验中选择了其中两路,分别通入纯度为 99.999%的氩气和 99.999%的甲烷两种气体,经混气室混合后引入真空室,以莲蓬头方式向下喷出工作气体,氩气和甲烷的流量由质量流量计(北京七星华创 MFC 质量流量控制器)控制。

(5)真空腔室:本实验的主体,是一立式圆筒形电动上掀盖结构,全不锈钢材料做成,尺寸为 $\phi450\times H400$(mm),上下极板间距离 10~100 mm 可调。实验时本底真空度采用机械泵和涡轮复合分子泵抽得,极限真空度可达 1.0×10^{-6} Pa。真空室壁上有取样窗口、观察窗口和大气注入口,它们分别用来取放样品、观察反应情况及取样或升降真空室前注入大气。真空度的测量由真空室内的热偶真空规和电离真空规来测量。

(6)加热系统:由样品加热台、温度测量和加热控制系统组成。加热装置在真空室下底盘下面,内有电阻丝和热偶规,通过电阻丝对加热台加热、用热偶规测量加热台的温度(即薄膜沉积温度)。基片加热温度从室温~800 ℃连续可调。

3.2.3　PECVD 制备二维碳薄膜实验步骤

本实验使用沈阳新蓝天真空技术有限公司生产的 450 型高真空等离子体

增强化学气相沉积设备。具体的碳材料沉积过程如下:首先,将前面得到的10种不同的衬底分别放入PECVD腔室的下底盘上,关上腔门,抽真空至10^{-4} Pa,然后以一定比例通入氩气(辅助气体)和甲烷(原料气体)的混合气体,随后将衬底升温至所需的温度,打开射频电源,设置射频功率,调节自偏压,产生等离子体辉光放电,随后碳氢气体的变化主要分成3个步骤:

(1)甲烷气体被裂解成各种各样的活性基团(原子、离子、中性粒子等)。

(2)碳氢自由基在腔室内不停地以相互碰撞的形式发生迁移、扩散,并发生化学反应。

(3)气相的甲烷气体经过一系列化学反应通过相互键合形成稳定基团沉积在衬底上,即所谓成核,最后晶核不断长大成膜。

为了便于研究,本实验通过改变沉积参数来进行一系列对比试验,分别在不同压强(50~100 Pa)、不同衬底温度(300~380 ℃)、不同沉积功率(150~250 W)、不同气体比例(CH_4:Ar=5:95/1:19/2:50 sccm)、不同沉积时间(30~120 min)、不同极板间距(2~5 cm)以及10 r/min的基片转速等条件下沉积得到了一系列不同参数的碳薄膜材料。具体试验参数见表3.3。

表3.3 PECVD沉积石墨烯薄膜试验参数表

气体压强/Pa	衬底温度/℃	射频功率/W	气体流量/sccm(CH_4:Ar)	沉积时间/h	基板间距/cm
50/75/100	300/350/380	150/200/250	2:100/2:50/4:50	1/1.5/2/3/4	2/5/8

3.3 碳薄膜材料的结构及性质表征

3.3.1 扫描电子显微镜(SEM)

扫描电子显微镜(SEM)利用电子束照射材料表面时产生的二次电子成像原理研究材料的表面特征,是进行材料显微观察分析的有力工具。其最大优点是可直接观察较大的样品,且分辨率高,景深大,立体感强,在很宽的放大倍数范围可连续观察,并可清晰地显示材料表面形貌。本研究采用了日立公司生产的扫描电子显微镜(S-4800 型)对硅片表面样品进行了形貌表征。该扫描电子显微镜采用的是冷场发射电子源,极限分辨率可达几个纳米,加速电压为 0.5~30 kV(0.1 kV/步,可变),放大倍数为 30~800 000 倍。该设备由真空系统、电子束系统和成像系统 3 个部分构成。其工作原理是利用电子枪所发射电子束扫描样品的表面,激发样品中的二次电子、背散射电子、X 射线、俄歇电子等信号,进而获得材料表面微观形貌分析、元素定量分析等。

3.3.2　拉曼(Raman)光谱

拉曼(Raman)光谱是分析碳材料成键结构和形态的最好方法。它被广泛用于区别金刚石、石墨和类金刚石的结构性质,成为传统的、非破坏性的表征手段。不同分子结构的振动模式所对应的振动频率是与原子或离子的性质、在空间的位形以及他们彼此间或与外界的相互作用等因素有关的。因此,对于不同成分、不同微观结构和内部运动的物质,就会有各自的特征拉曼光谱。反之,根据特征拉曼光谱就能获悉该物质的成分、微结构和内部电子信息。拉曼光谱作为一种无损、快速、高分辨率的分析方法和手段,展示的是由于分子的转动和振动或固体的晶格振动导致的入射光与散射光之间的频移,因此拉曼频移与物质分子的转动和振动能级以及晶体结构有关。本实验采用了英国雷尼绍公司 INVIA 型共焦显微拉曼光谱仪对不同条件下所得到的碳材料进行拉曼光谱测量,采用 He 离子激光器(固体激光器),激发波长为 633 nm,光谱的扫描范围为 1 000~3 200 cm^{-1},加速电压为 1~40 kV,激光束直径在 2.0 μm 左右。

3.3.3　X 射线光电子能谱(XPS)

X 射线光电子能谱(XPS)被广泛地应用于材料的化学成分和元素价态分析。它的基本原理基于光电效应,用 X 射线去辐射样品,使原子或分子的内层电子或价电子受激发射出来。入射的 X 光将材料内部的电子激发到真空中,被能量分析器所探测。能量分析器主要对出射的不同能量的电子数目进行统计,可以得到光电子的能量,然后利用计算机将我们得到的 XPS 谱进行分析(E_b = $h\nu$,光能量——E_k,动能——W 功函数),以光电子的动能/束缚能为横坐标,相对强度(脉冲/s)为纵坐标可作出光电子能谱图,对比数据库,就可以得到材料的元素信息。在这个过程中最重要的是光电激发过程,这决定了能得到什么电子信息以及光源能量不同会有什么影响等。通过电子能量分析器对不同出射能量的电子数目进行统计，可以得到不同动能电子的强度分布。通过进一步计算，就可以得到反映材料结合能信息的电子态密度分布。本实验采用的是英国Thermofisher Scientific 公司生产的 ESCALAB 250Xi 型 X 射线光电子能谱仪系统。其最佳能量分辨率为 0.45 eV，最佳空间分辨率为 3 μm，单色光源最佳灵敏度大于 3 250.6 eV(300 μm 束斑，Al KαAg3d5/2 峰)，离子枪束斑大小为 20 μm～900 μm。

3.3.4 原子力显微镜(AFM)

原子力显微镜(AFM)，是一种具有原子级高分辨率的仪器，可以在大气和液体环境下对各种材料和样品进行纳米区域的物理性质包括形貌进行探测的基本工具。它利用微悬臂感受和放大悬臂上尖细探针与受测样品原子之间的作用力，从而达到检测的目的。由于原子力显微镜既可以观察导体，也可以观察非导体，从而弥补了扫描隧道显微镜(STM)的不足。原子力显微镜与扫描隧道显微镜最大的差别在于其并非利用电子隧穿效应，而是检测原子之间的接触、原子键合、范德瓦耳斯力或卡西米尔效应等来呈现样品的表面特性。本实验采用的是美国牛津仪器公司生产的 Cypher S 型原子力显微镜。

3.3.5 TU-1901 紫外-可见(UV-VIS)分光光度计

紫外-可见(UV-VIS)分光光度法是利用物质的分子对紫外-可见光谱区的辐射吸收来测试样品表面反射谱的一种仪器分析方法。这种分子吸收光谱产生于价电子和分子轨道上的电子在电子能级间的跃迁，它广泛用于无机和有机物质的定性和定量分析。分光光度计一般由 5 部分组成，它们分别是：光源、单色器、样品吸收池、监测系统及显示与数据处理系统。本实验中所用的是北京普析通用仪器有限公司生产的 Persee TU-1901 型紫外-可见分光光度计。该设备的可测光谱范围为 300～850 nm，光谱带宽为 1 nm。

3.3.6 霍尔效应测量系统

霍尔效应测量系统是利用半导体的霍尔效应来测量半导体材料电学性质的一种重要手段，广泛应用于半导体材料、低阻材料和高阻材料等物理性能的研究。它可对多种重要物理参量如：电阻率、霍尔系数、载流子浓度、迁移率、磁电阻和 V-I 曲线等进行测量和分析。其基本原理如下：固体材料中的载流子在外加磁场中运动时，因为受到洛仑兹力的作用而使轨迹发生偏移，并在材料两侧产生电荷积累，形成垂直于电流方向的电场，最终使载流子受到的洛仑兹力与电场斥力相平衡，从而在两侧建立起一个稳定的电势差即霍尔电压。正交电场和电流强度与磁场强度的乘积之比就是霍尔系数，平行电场和电流强度之比就是电阻率。此外，通过霍尔系数还可以进一步得出半导体的载流子浓度、迁移率等重要电学参数。本实验采用了英国 ACCEAT OPTICAL 公司生产的 ACCENT HL5500PC 型霍尔效应测量系统对所得到的碳薄膜材料的载流子浓度、霍尔迁移率及电阻率进行了测试。

3.4　碳硅异质结太阳能电池的制备

3.4.1　器件结构设计

根据第 1 章所述，我们知道，作为有着多种同素异形体和优良性质的功能材料，碳薄膜材料已经在各个领域得到了一定的应用。鉴于本实验中所得到的碳薄膜材料有着优异的光电特性，基于结合晶硅电池的成熟发展工艺和二维碳薄膜的潜在应用价值的出发点，也得益于本实验室前期关于 SIS 结构晶硅太阳能电池的多年研究基础，我们将制备所得到的新型碳薄膜功能材料叠加到晶体硅上制备了一系列以碳硅异质结为主体的光电器件，以此来研究所制备的二维碳薄膜在实际器件中的应用。在器件结构的设计上，我们以 SIS 结构晶硅电池为主体，再插入一层二维碳薄膜材料，充分发挥了碳薄膜的优势，期望在简化太阳能电池器件结构的基础上，降低电池的材料及制备成本，同时还能得到光电转化效率相对较高的太阳能电池。在实验的尝试阶段和改进阶段我们分别设计了两种基于单晶硅衬底的碳硅异质结器件。

在初期的实验尝试阶段，我们参考并改进了部分参考文献中的做法，直接在硅衬底上叠加了一层碳薄膜材料形成碳硅异质结器件。当然，我们首先从能带图上对碳硅异质结器件的合理性进行了分析与论证，图 3.2 为碳硅异质结器件结构对应的能带图。

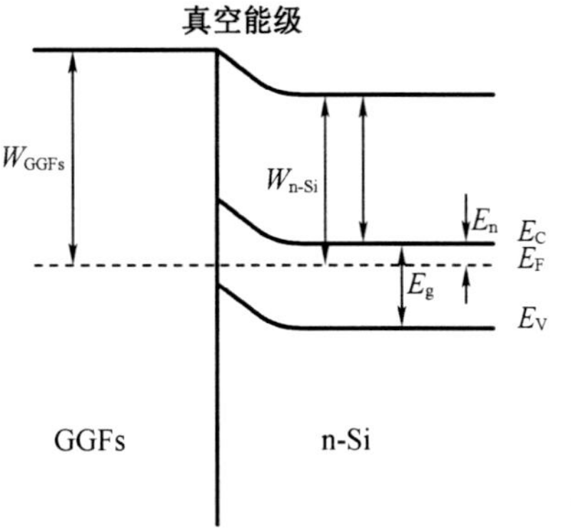

图 3.2　碳硅异质结器件结构对应的能带图

如图 3.2 所示,E_F 为费米能级,E_C 为导带底,E_V 为价带顶。E_g 为硅的禁带宽度,其大小为 1.12 eV。y_i 为硅的亲和能,其大小为 4.05 eV。W_{n-Si} 为硅的功函数,其大小为 4.25 eV。同样的,W_{GGFs} 为石墨-石墨烯薄膜的功函数,其大小为 4.3~4.7 eV。这样,在这个结构中石墨-石墨烯薄膜(GGF)作为一种准金属材料很容易与硅接触形成肖特基结,在碳硅界面处由于二者的势垒高度差形成内建电场,光生电子-空穴对在内建电场的作用下可以很好地得到分离并导出形成光生电流。在这个结构设计中,石墨-石墨烯薄膜不仅可以作为电极材料,而且得益于其优异的半导体性能可以作为功能层材料,起到多重作用。

根据上述实验设计方案,我们实现了直接在硅衬底上制备碳硅异质结器件的初衷,制备出了一系列光电性能优于参考文献的太阳能电池。但我们并没有满足于此,随着实验的不断尝试和改进,基于对上面碳硅异质结的能带图分析,我们又设计了另外一种器件结构,即将沉积获得的石墨烯薄膜插入已具备一定成熟工艺的 SIS 结构太阳能电池中。该种结构不仅可以利用透明导电氧化物 ITO 薄膜与晶体硅之间接触形成具有较强内建电场的优势,还可以借助石墨烯薄膜超高的载流子传输能力和完美的柔性结构,解决电流传输和界面态等问题,可以大大提高开路电压和短路电流。其对应的能带图如图 3.3 所示。

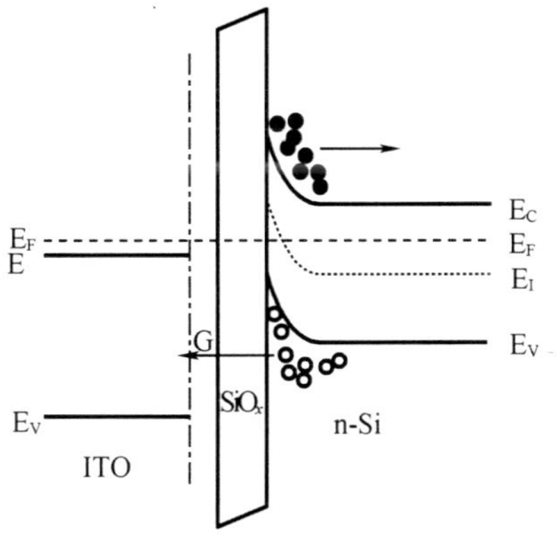

图 3.3　Al/Ag/ITO/G/SiO_x/Si/Al 结构异质结对应的能带图

本实验主要制备了两种类型的碳硅异质结器件，一种是改善前的器件结构如图 3.4 所示，另外一种为改善后的器件结构如图 3.5 所示。前期的 C/Si 异质结器件由背电极层(铝)、功能层(n 型硅和石墨烯薄膜)、上电极(金)等组成。这种器件结构非常简单，可以减少工艺流程、降低成本。而对于改进后的器件结构，根据石墨烯薄膜插入 SIS 结构异质结器件中的位置的不同可以分为两种：一种是将石墨烯薄膜插入 ITO 薄膜和硅衬底之间形成 Al/Ag/ITO/G/SiO_x/Si/Al 结构异质结器件，如图 3.5(a)所示；另外一种是将石墨烯薄膜作为导电电极层材料置于 ITO 薄膜之上形成 Al/Ag/ G/ITO/ SiO_x/Si/Al 结构异质结器件，如图 3.5(b)所示。这两种结构的电池主体材料均相同，只是石墨烯薄膜所在的位置不同，用以对比研究石墨烯薄膜在器件中所起的作用，找出最优结构。

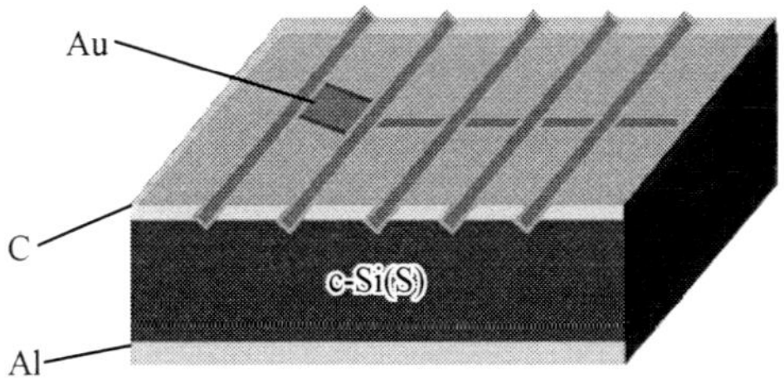

图 3.4　改善前的太阳能电池器件结构图

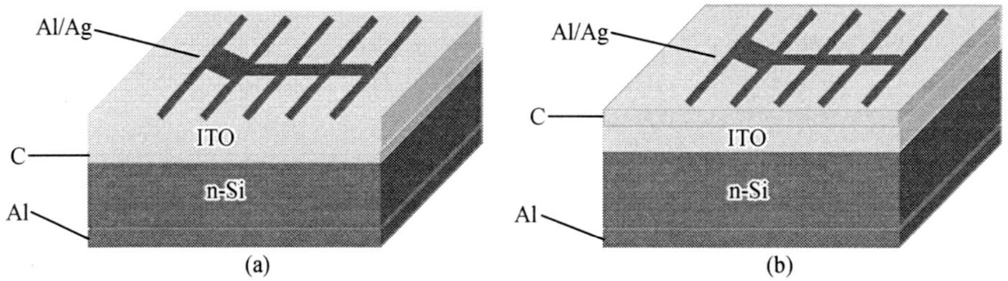

图 3.5 改善后的太阳能电池器件结构图

3.4.2 器件组装过程及设备

在前期的器件制备过程中,我们先在清洗好的硅衬底的其中一面用PECVD方法沉积一层碳薄膜材料,然后为了形成良好的欧姆接触,我们用真空蒸发的方法在硅衬底的另外一面沉积一层厚度约200 nm的铝的薄膜层,形成背电极。最后,在碳薄膜材料的上端又用真空蒸发的方法蒸镀了一层金的栅电极,形成上电极。对于后期改进后的Al/Ag/ITO/G/SiO_x/Si/Al结构器件则是先在清洗好的硅衬底上先转移一层单层石墨烯薄膜,再用磁控溅射的方法在石墨烯薄膜上生长一层80 nm厚的ITO薄膜,而对于Al/Ag/G/ITO /SiO_x/Si/Al结构器件的组装过程则相反:先用磁控溅射沉积一层80 nm左右的ITO薄膜,再在其上转移一层单层石墨烯薄膜。之后再把这两种结构的电池同时放到真空蒸发的腔室内先沉积一层200 nm的铝作为背电极,再分别沉积100 nm的银和200 nm的铝作为上电极。在此过程中所使用的真空蒸发镀膜机是北京北仪创新真空技术有限责任公司生产的,型号为DM-450C。而本实验过程中沉积ITO薄膜所使用的磁控溅射设备则是由中国科学院沈阳科学仪器研制中心有限公司生产的JGP600型双室超高真空多功能磁控溅射系统。

3.5 碳硅异质结太阳能电池的表征方法

3.5.1 *I/V*、*C/V* 电学性能测试系统

在对太阳能光伏器件的所有性能表征手段中,电流-电压($I-V$)和电容-电压($C-V$)特性测试无疑是最直观、最有效、最被广泛应用的一种方法。通过测

量 $I-V$、$C-V$ 特性曲线，并进一步进行数据分析处理，可以直接了解到光伏器件的各项物理性能，包括光电转换的效率、填充因子等。这些数据可以为光伏器件的研究、质检以及应用提供可靠的依据。本实验使用的是安捷伦公司生产的4155C 型 $I-V$、$C-V$ 电学性能测试系统，它提供了基于 PC 的参数分析和表征全套方案的环境。标准配置包括一个参数分析仪、Agilent I/CV 3.0 Lite 自动测试软件、运行 Windows XP 操作系统的 PC。Agilent I/V 3.0 Lite 提供一个图形用户界面，具有强大的分析工具、探针驱动和自动测试工具。其主要特性：电流测量范围为-100~100 mA，精度可达1 nA，电压范围为-100~100 V。在对碳硅异质结器件进行 I、V 测量时，所采用的扫描电压的范围为-1.0~1.0 V，步长为5 mV。

3.5.2 标准太阳光模拟器测试系统

太阳能电池光电性能测试系统主要用来测试太阳能电池的伏安特性曲线、开路电压、短路电流、填充因子、电池效率、串并联电阻等太阳能电池性能的重要参数。本实验中所采用的是自行搭建的太阳能电池光电性能测试系统。其中，模拟光源使用的是 Sciencetech 公司生产的 SS1K 型太阳光模拟器，模拟 AM1.5G 的太阳光（100 mW/cm^2，25 ℃）。而电性能参数的读取和控制部分采用的是 Keithley 公司生产的 Series 2400 型数字源表。测试结束后使用 Labview 虚拟控制软件编程来自动算出太阳能电池的重要光电参数。其主要特性：电压范围为-1~1 V，测试间隔为0.002 V。

3.6 本章小结

本章对实验过程中所涉及的一系列原材料、工艺流程、制备设备以及测试设备都做了详细的介绍，包括碳材料的制备和碳硅异质结器件组装过程中具体使用到的设备以及实验的设计方案和具体的工艺过程，努力做到从材料到器件的细致、深入研究。同时，我们也对所获得的材料及器件性能的表征手法进行了一一介绍，包括其形貌结构（SEM、Raman、XPS、AFM），光电性质（UV-VIS、霍尔测量）的表征以及异质结器件性能（$I-V$、$C-V$、太阳光模拟测试系统）的测量方面所用的具体仪器设备的型号和性能特点。

参考文献

[1] 力伯曼,里登伯格. 等离子体放电原理与材料处理: 第 1 版[M]. 蒲以康, 等译. 北京: 科学出版社, 2007.

[2] XU Y D, YAN X T. Chemical vapour deposition-an integrated engineering design for advanced materials[M]. London: Springer-Verlag London Limited, 2010.

[3] TERRANOVA M L, SESSA V, ROSSI M. The world of carbon nanotubes: An overview of CVD growth methodologies[J]. Chemical vapor deposition, 2006, 12(6): 315-325.

[4] PANG H, WANG X Q, ZHANG G L, et al. Characterization of diamond-like carbon films by SEM, XRD and Raman spectroscopy[J]. Applied surface science, 2010, 256(21): 6403-6407.

[5] SHARMA S C, GREEN M, HYER R C, et al. Growth of diamond films and characterization by Raman, scanning electron microscopy, and X-ray photoelectron spectroscopy[J]. Journal of materials research, 1990, 5(11): 2424-2432.

[6] GOUZMAN I, HOFFMAN A, COMTET G, et al. Nanosize diamond formation promoted by direct current glow discharge process: Synchrotron radiation and high resolution electron microscopy studies[J]. Applied physics letters, 1998, 72(20): 2517-2519.

[7] SHARMA S C, DARK C A, HYER R C, et al. Deposition of diamond films at low pressures and their characterization by positron annihilation, Raman, scanning electron microscopy, and X-ray photoelectron spectroscopy[J]. Applied physics letters, 1990, 56(18): 1781-1783.

[8] TUINSTRA F, KOENIG J L. Raman spectrum of graphite[J]. The journal of chemical physics, 1970, 53(3): 1126-1130.

[9] KNIGHT D S, WHITE W B. Characterization of diamond films by Raman

spectroscopy[J]. Journal of materials research, 1989, 4(2): 385-393.

[10] FERRARI A C, BASKO D M. Raman spectroscopy as a versatile tool for studying the properties of graphene[J]. Nature nanotechnology, 2013, 8(4): 235-246.

[11] YOSHIMURA A, YOSHIMURA H, SHIN S C, et al. Atomic force microscopy and Raman spectroscopy study of the early stages of carbon nanowall growth by DC plasma-enhanced chemical vapor deposition[J]. Carbon, 2012, 50(8): 2698-2702.

[12] PANG H, WANG X Q, ZHANG G L, et al. Characterization of diamond-like carbon films by SEM, XRD and Raman spectroscopy[J]. Applied surface science, 2010, 256(21): 6403-6407.

[13] BRIGGS D, SEAH M. Practical surface analysis: By auger and X-ray photoelectron spectroscopy[M]. Chichester: John Wiley & Sons, 1983.

[14] SHARIFI T, NITZE F, BARZEGAR H R, et al. Nitrogen doped multi walled carbon nanotubes produced by CVD-correlating XPS and Raman spectroscopy for the study of nitrogen inclusion[J]. Carbon, 2012, 50(10): 3535-3541.

[15] LEUNG T Y, MAN W F, LIM P K, et al. Determination of the sp^3/sp^2 ratio of a-C: H by XPS and XAES[J]. Journal of non-crystalline solids, 1999, 254(1/2/3): 156-160.

[16] FILIK J, MAY P W, PEARCE S R J, et al. XPS and laser Raman analysis of hydrogenated amorphous carbon films[J]. Diamond and related materials, 2003, 12(3/4/5/6/7): 974-978.

[17] 王富耻. 材料现代分析测试方法[M]. 北京: 北京理工大学出版社, 2006.

[18] PAREDES J I, MARTÍNEZ-ALONSO A, TASCÓN J M D. Application of scanning tunneling and atomic force microscopies to the characterization of microporous and mesoporous materials[J]. Microporous and mesoporous materials, 2003, 65(2/3): 93-126.

[19] YANG Y, WANG H, ERIE D A. Quantitative characterization of biomolec-

ular assemblies and interactions using atomic force microscopy[J]. Methods, 2003, 29(2): 175-187.

[20] 杜汇伟. SIS结构器件中光生载流子的传输特性研究[D]. 上海: 上海大学, 2015.

[21] CHEN S M, GAO M, FANG X H, et al. Modifications and multiple roles of graphene film in SIS structural solar cells[J]. Solar energy, 2015, 122: 658-666.

[22] SCHWIERZ F. Graphene transistors[J]. Nature nanotechnology, 2010, 5(7): 487-496.

[23] PUMERA M. Graphene in biosensing[J]. Materials today, 2011, 14(7/8): 308-315.

[24] LI X M, ZHU H W, WANG K L, et al. Graphene-on-silicon Schottky junction solar cells[J]. Advanced materials, 2010, 22(25): 2743-2748.

[25] LI X M, XIE D, PARK H, et al. Anomalous behaviors of graphene transparent conductors in graphene-silicon heterojunction solar cells[J]. Advanced energy materials, 2013, 3(8): 1029-1034.

[26] WEISS N O, ZHOU H L, LIAO L, et al. Graphene: An emerging electronic material[J]. Advanced materials, 2012, 24(43): 5782-5825.

[27] RAMUZ M P, VOSGUERITCHIAN M, WEI P, et al. Evaluation of solution-processable carbon-based electrodes for all-carbon solar cells[J]. ACS nano, 2012, 6(11): 10384-10395.

[28] DU H W, YANG J, LI Y H, et al. Preparation of ITO/SiO_x/n-Si solar cells with non-decline potential field and hole tunneling by magnetron sputtering[J]. 2015, 106(9): 093508.

[29] LI X, FAN L L, LI Z, et al. Boron doping of graphene for graphene-silicon p-n junction solar cells[J]. Advanced energy materials, 2012, 2(4): 425-429.

[30] FENG T T, XIE D, LIN Y X, et al. Graphene based Schottky junction solar cells on patterned silicon-pillar-array substrate[J]. Applied physics letters, 2011, 99(23): 233505.

[31] DUBACHEVA G V, LIANG C K, BASSANI D M. Functional monolayers

from carbon nanostructures-fullerenes, carbon nanotubes, and graphene-as novel materials for solar energy conversion[J]. Coordination chemistry reviews, 2012, 256(21/22): 2628-2639.

第 4 章　PECVD 生长二维碳薄膜的影响因素及规律研究

4.1　引　　言

我们知道，PECVD 生长碳薄膜的反应是一个非常复杂的物理化学过程。在气相成碳过程中，匀气相化学反应、气-固相化学反应和固相化学反应同时发生、竞争进行。各种反应条件和参数，包括沉积压强、沉积功率、沉积时间、气体流量、衬底温度、衬底的表面形貌以及催化剂的使用等都会直接影响薄膜的形貌、结构以及最终性能。结合对一系列对比实验结果的分析，本章重点讨论了对 PECVD 生长二维碳薄膜影响最大的 3 种主要因素：衬底温度、沉积时间和衬底形貌。

4.2　衬底温度对 PECVD 生长碳薄膜材料的影响

温度作为最重要的热力学参数之一对二维碳薄膜的生长有着举足轻重的作用，因而在本部分实验设计过程中，我们首先重点研究了不同的衬底温度对同种衬底材料生长二维碳薄膜的影响。对于同样的衬底（单面抛光硅片），除了沉积薄膜时衬底的温度不同外，其他参数均相同（50 Pa，200 W，2：50 sccm，30 min，5 cm）。我们设置了一系列不同的衬底温度（室温到 800 ℃），分别在硅衬底上用 PECVD 方法沉积获得了不同的碳薄膜材料。

4.2.1　衬底温度对所得碳材料形貌的影响

为了研究衬底温度对 PECVD 方法沉积所获得碳材料形貌的影响，我们分别对不同沉积温度下所得材料的表面形貌进行了电子显微扫描，其 SEM 对比图如图 4.1 所示。从图中我们可以看到，当沉积温度分别为室温(25 ℃)和 400 ℃时，硅衬底表面平滑而干净，未能看到明显的碳薄膜材料的迹象(这一点从后面的拉曼信号分析也可以得到论证)。从 500 ℃开始，可以较清晰地看到一些较薄的小块状薄膜材料覆盖于硅衬底上，但所得到的薄膜并不均匀，厚薄不一，且并没有完全覆盖硅衬底。而当温度升高到 600 ℃时，可以清楚地看到成片的薄膜材料已经完全覆盖了整个硅衬底，块状薄膜面积变大且较均匀，但是可以看到所生长的薄膜更倾向于成片状。当温度继续升高至 700 ℃时，薄膜的致密性得到了提高，整齐地覆盖了整个硅衬底，但薄膜厚度的均匀性下降，且更容易出现多位点生长。而当温度继续升高至 800 ℃时，我们只能看到一层较均匀的厚厚的材料覆盖于衬底之上。

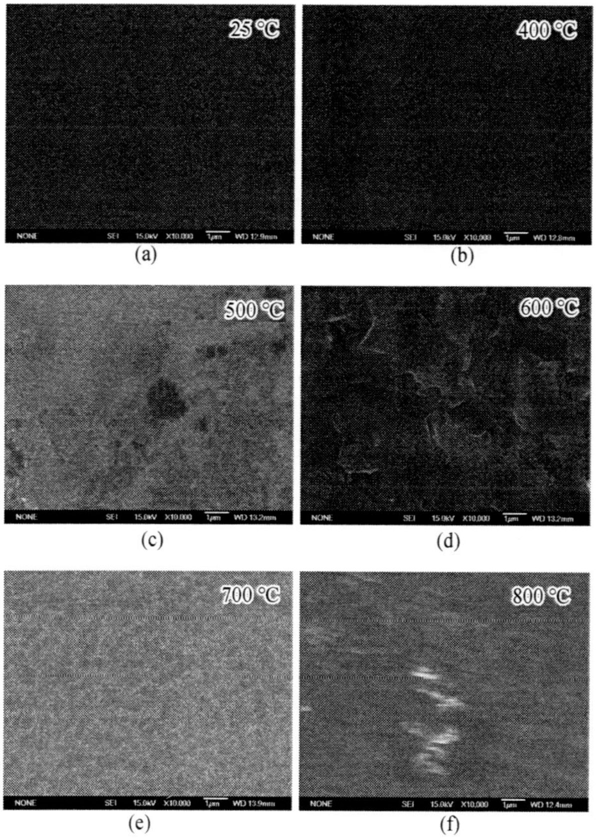

图 4.1　不同沉积温度下所得材料表面形貌图

4.2.2 衬底温度对所得碳材料结构的影响

同时,我们对于这些薄膜材料的具体成分和结构形态也进行了拉曼表征。如图 4.2 所示为不同沉积温度下所得材料对应的拉曼图。表 4.1 列出了不同沉积温度下各拉曼光谱对应的 2D 峰半高宽、G 峰半高宽以及 2D 峰与 G 峰的比值大小。由于室温和 400 ℃时衬底表面测不到任何碳薄膜的拉曼信号,所以这里只有从 500~800 ℃温度下沉积所得材料的拉曼图。结合图 4.2 和表 4.1,我们可以发现除了 800 ℃时衬底表面的拉曼信号比较弱外,其他温度下所沉积得到的材料都显示出了很明显的碳材料的 3 个基本特征峰(D 峰、G 峰和 2D 峰)。并且,随着温度的升高 D 峰的半高宽减小,强度也变弱,说明温度的升高有利于碳材料的薄膜均匀化,材料的缺陷变少,结晶性变好。而随着温度升高, G 峰的半高宽整体也是一个增大的趋势,但是在 600 ℃时有一个突然减小的变化,且在 600 ℃时的 G 峰半高宽最小只有 3 cm^{-1},说明在此温度点时材料的结晶性最好。这一点与 2D 峰和 G 峰比值的变化趋势一致,也是在 600 ℃时其比值最大,为 0.58,说明此温度下得到的石墨烯薄膜为多层石墨烯薄膜,而随着温度的升高薄膜的组成结构也发生了变化,由低维转变为三维材料,从石墨烯薄膜材料逐渐向石墨转变。也就是说,结合上面的 SEM 图我们可以推断:在 50 Pa,200 W,2∶50 sccm,30 min,5 cm 的条件下,当温度小于 500 ℃时,无法生长得到任何碳材料,而温度达到 500 ℃时,开始出现一些厚度不一地小片状石墨烯薄膜零散地分布于衬底表面,但由于未能完全覆盖整个衬底故其所探测到的信号并不稳定。而当温度继续上升至 600 ℃时,可以生长得到大片的均匀石墨烯薄膜,其层数较少且可以基本完全覆盖衬底。当温度升至 700 ℃时,薄膜由石墨烯逐渐向石墨材料转变。而当温度升高至 800 ℃时,所生成的材料更倾向于无定形碳,因而结晶性很差,拉曼信号非常弱。由此说明,温度的变化对薄膜材料的生长影响非常大,它所带来的不仅仅是量上的变化,而且会引起质的变化,会直接决定其所生长的材料的成键形态和结构。

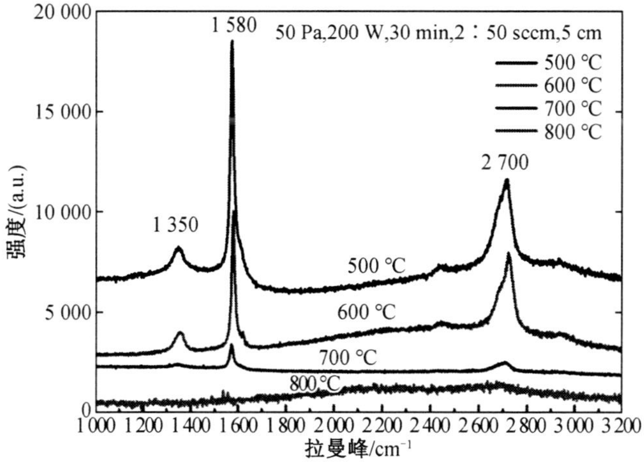

图 4.2　不同沉积温度下所得材料对应的拉曼图

表 4.1　不同沉积温度下对应的 2D 峰、G 峰半高宽及 I_{2D}/I_G

沉积温度/℃	2D 峰半高宽/cm^{-1}	G 峰半高宽/cm^{-1}	I_{2D}/I_G
500	31	6	0. 44
600	25	3	0. 58
700	19	8	0. 52
800	—	16	—

结合上面的实验结果和分析,我们可以推断以下几点结论:

(1)温度过低不利于碳材料的生长。这是因为过低的温度不利于碳氢键的断裂,进而不利于甲烷的分解,而当甲烷的分解都无法完成那碳材料的生长自然就无从谈起。

(2)选择合适的温度可以有助于少数层石墨烯薄膜的生长。这是因为适宜的温度不但可以促进甲烷的分解,还能提供足够的能量形成一定的成核位点,有利于控制碳薄膜材料的生长速率,有助于薄膜的低维生长。

(3)过高的温度不利于单层/少数层石墨烯薄膜的生长,而更倾向于形成无定形碳材料。这是因为温度过高,碳氢键容易过分离,反应速率过快使得薄膜的生长方式由层状生长迅速积累成岛状生长,易于生成三维的石墨材料。

4.2.3　衬底温度对碳硅异质结器件性能的影响

最后,我们分别用同温度下得到的不同的碳薄膜材料制备了相应的碳硅异质结器件,并用以探究不同温度下所得到的碳材料的实际应用价值。如图 4.3 所示为不同衬底温度所得到的不同结构形态的碳薄膜材料制备碳硅异质结器件后的光照 *I*–*V* 曲线对比图。

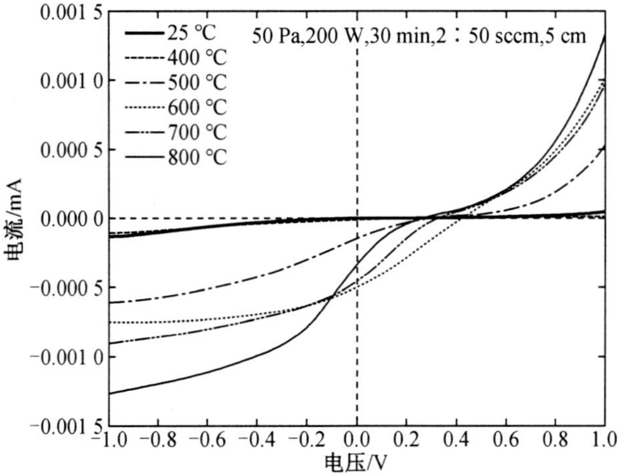

图 4.3　不同衬底温度所得到的碳薄膜材料制备碳硅异质结器件后的光照 *I*–*V* 曲线对比图

从图中我们可以看到,与拉曼和 SEM 表征结果一致,室温和 400 ℃下由于没能生成碳材料而无法形成异质结因而其 *I*–*V* 曲线无光伏响应。500 ℃时由于生成了一些不均匀的石墨烯薄片,因而表现出了一定的光伏特性,但其性能很差。而沉积温度为 600 ℃时所得到的碳材料构成的异质结器件光伏性能最好,当温度继续升高后由于材料结构性质的变化使得其光伏性能持续变差。由此可知,沉积温度对所形成的异质结器件性能的影响比较明显。这是由于温度的高低会直接影响所生长碳材料的结构和成键形态,进而决定异质结器件的本质,也就是决定了异质结两端的内建电势的大小,而内建电场的大小又直接决定了器件的开路电压,因而表现出沉积温度会影响器件开路电压的现象。而薄膜连续性及均匀性的变化则会影响器件的串联电阻及并联电阻,进而影响了短路电流的大小。

4.3　沉积时间对 PECVD 生长碳薄膜材料的影响

为了研究沉积时间对 PECVD 生长碳薄膜材料的影响，我们扫描了从 60 min 到 240 min 区间段的实验参数，如图 4.4 所示为不同沉积时间所得到的碳薄膜材料对应的表面形貌图。除了沉积时间变化外，其他实验参数固定为：50 Pa，2∶50 sccm，700 ℃，200 W，5 cm。

4.3.1　沉积时间对所得碳材料形貌的影响

同样，我们表征了不同沉积时间下所得碳材料的表面形貌，如图 3.4 所示。从图中我们可以看到根据沉积时间的不同，我们可以在硅衬底上得到不同形貌的薄膜材料。图 4.4(a) 中展示的是经过 60 min 的沉积之后衬底表面散乱分布着层数较少的、厚度不均匀的大大小小的块状薄膜，其块状最大直径可达到 2 μm，如图中绿色数字 1 所在的位置。图 4.4(b) 为图 4.4(a) 中绿色数字 1 区域所在位置的 30 000 倍放大图，由放大图我们可以很清晰地看到这片区域薄膜的厚度较厚且形状不规则，其直径大约为 2 μm 左右。但此时间条件下生长的薄膜连续性较差，未能完整的覆盖整个衬底。从图 4.4(c) ~ (f) 中我们可以看到，随着时间的增加石墨烯薄膜的厚度相应变厚。同时碳材料也呈现出从少数层石墨烯到多层石墨材料转变的变化趋势，尤其是 120 min 以后就呈现出了由量变到质变的转折。尤其是 180 min 和 240 min 的沉积时间之后，可以很清楚地看到衬底表面沿着其表面的高低起伏比较均匀地铺满了厚厚的碳薄膜材料。

4.3.2　沉积时间对所得碳材料厚度的影响

同时，我们采用扫描电镜对不同沉积时间所得到薄膜的横截面进行了观察，得到薄膜的厚度，如图 4.5 所示。与图 4.4 中的正面形貌图一致，随着沉积时间的加大，所得到的碳薄膜材料的厚度是逐渐增大的，其厚度从 10 nm 增加到 600 nm。这种厚度的变化也同样说明了所得的碳材料由低维的石墨烯薄膜逐渐向三维的石墨材料发生了转变。图 4.4(b) 为图 4.4(a) 中方框所在位置的 30 000 倍放大图。

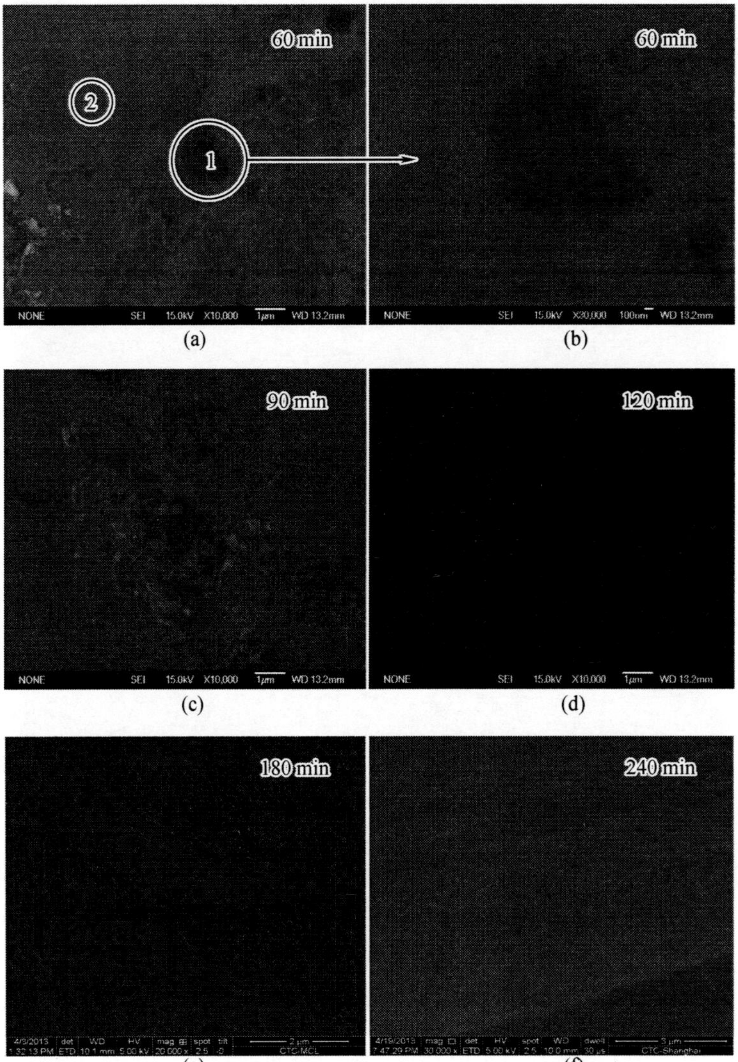

图 4.4　不同沉积时间所得到的碳薄膜材料的表面形貌图

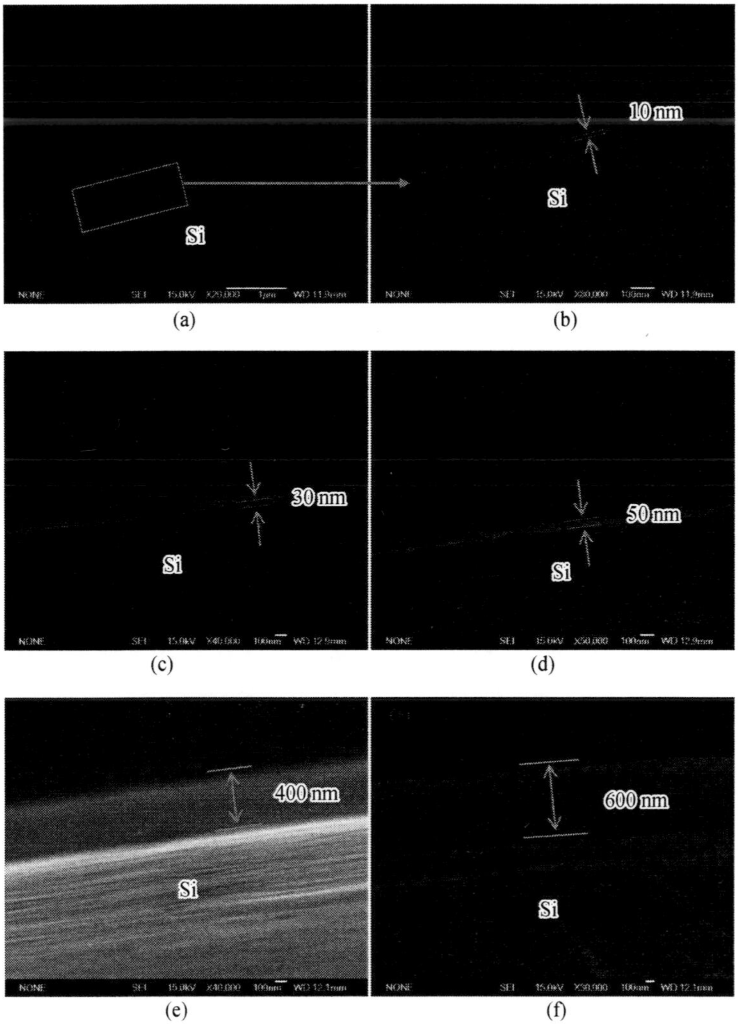

图 4.5　不同沉积时间所得到的碳薄膜材料的截面图

4.3.3　沉积时间对所得碳材料结构的影响

通过拉曼光谱的测量,我们得到了不同沉积条件下所得碳材料的结构成分信息,如图 4.6 所示。图 4.6(a)为不同沉积时间下所得碳薄膜材料的拉曼光谱对比图,而表 4.2 则列出了不同沉积时间下所得碳材料对应的拉曼特征峰 D 峰和 G 峰的半高宽以及 2D 峰与 G 峰的比值,图 4.6(b)和(c)则分别用图形形象地展示了表中数据的变化趋势。所有这些材料的拉曼光谱基本都有 4 个特征峰:“D 峰”“G 峰”“2D 峰”和“D+G 峰”。位于 1 350 cm^{-1} 左右的 D 峰为缺陷峰,反应石墨层片的无序性。位于 1 590 cm^{-1} 附近的 G 峰是由碳环中的所有 sp^2 原子对的拉伸运动所产生的。而位于 2 950 cm^{-1} 附近的 2D 峰起源于动量相反的两个声子参与的拉曼过程,可以很好地表征石墨烯薄膜的层数及结晶性。另外,位于 2 950 cm^{-1} 附近的很弱的峰是 D 峰和 G 峰的和频,说明所得材料的缺陷较多。从图中我们可以看到随着时间的增大,D 峰半高宽的逐渐增大,说明了薄膜的无序性增强,结晶程度变差。而 2D 峰强度的减小、I_{2D}/I_G 比值的减小以及半高宽的增大,则意味着所得石墨烯层数的增加,从多层石墨烯薄膜转变到三维结构的碳材料,这一点与图 4.5 中的截面图是一致的,其中 120 min 是从石墨烯薄膜到石墨材料的时间转折点。

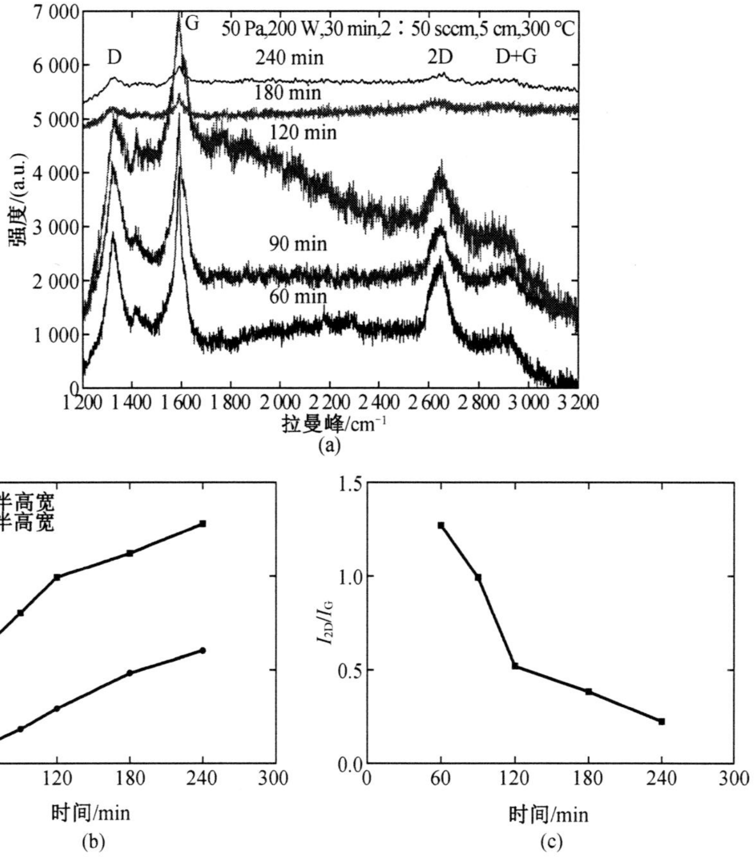

图 4.6　不同沉积时间下所得碳薄膜材料的拉曼光谱对比图

表 4.2　不同沉积时间下所得碳材料对应的拉曼特征峰半高宽及比值

沉积时间/min	D 峰半高宽/cm^{-1}	G 峰半高宽/cm^{-1}	I_{2D}/I_G
60	62	9	1.27
90	80	18	0.99
120	99	29	0.52
180	112	48	0.38
240	128	60	0.22

同样地，结合上面的实验结果和分析，我们可以推断以下几点结论：

(1)当沉积温度较低时，时间的增加给材料带来的是由量变到质变的影响。沉积时间对 PECVD 生长碳材料的影响更多的表现于对薄膜层数和结构的影响。

(2)沉积时间过短，很多成核位点未能来得及形成，会不利于碳薄膜材料的连续性和均匀性，薄膜层数也会较少。

(3)沉积时间增加虽然能使得薄膜层数增加，可以有助于薄膜的连续性和均匀性，但时间过长薄膜的结构组成就会发生变化，不利于碳材料的低维生长。

4.3.4　沉积时间对碳硅异质结器件性能的影响

同样，为了研究不同沉积时间下所获得薄膜的光电功能性性能，我们分别用不同沉积时间下得到的碳薄膜材料制备了相应碳硅异质结器件。如图 4.7 所示为不同沉积时间所得到的不同结构形态的碳薄膜材料制备碳硅异质结器件后的光照 I–V 曲线对比图。从图中我们可以看到所制备的所有异质结器件在光照下都表现出了一定的光伏特性，说明所有时间条件下硅衬底上都生成了碳材料，都与硅形成了异质结。与 SEM 和拉曼表征结果一致，其光伏特性也是在 120 min 时出现了一个转折，当时间小于 120 min 时，其光伏特性随沉积时间的增加而增强，而当时间大于 120 min 后，其光伏特性随时间的增加而减弱。且由图中的曲线变化情况我们可以看到，时间的改变对短路电流的影响更大。我们认为，这是因为时间过短，石墨烯薄膜的覆盖率太低，薄膜不连续，且薄膜薄厚不均，影响了电子–空穴对的传输，导致串联电阻过大，进而影响了电池的短路电流。而随着时间的增加，薄膜厚度不断增加，其覆盖率也大大提高，薄膜的连续性和均匀性均得到改善，表现在器件上就为短路电流增大，器件效率提高。

但当时间过长之后,由于材料性质发生了改变,异质结结构发生改变,导致结两边的内建电场有了变化,使得其开路电压和短路电流均变小,进而导致器件的光伏性能变差。

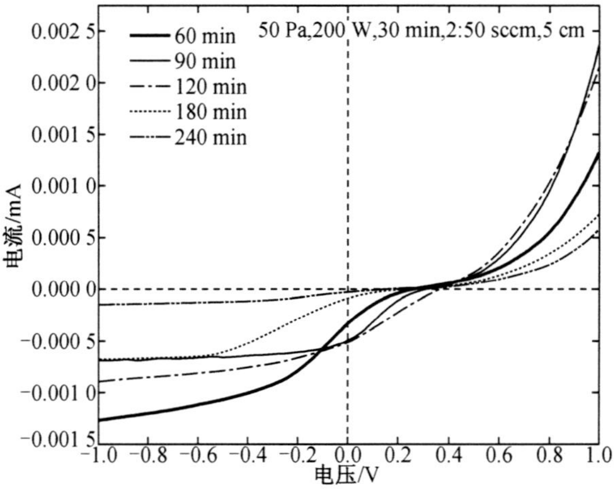

图 4.7　不同沉积时间所得到的碳薄膜材料制备异质结器件后的光照 *I–V* 曲线对比图

4.4　衬底对 PECVD 生长碳薄膜材料的影响

一个气相原子能否被衬底表面吸附,是物理吸附还是化学吸附,除与入射原子的种类、能量相关外,还与衬底材料、表面的状态密切相关。为了研究衬底对 PECVD 生长碳薄膜材料的影响,我们选择了 10 种不同的衬底:单晶硅片、长有一层氧化硅的硅片、单面抛光硅、抛光硅上蒸镀一层镍薄膜、单晶硅上蒸镀一层镍薄膜、玻璃、铜片、铜箔、镍箔、玻璃上蒸镀一层镍薄膜。分别将这些衬底置于 PECVD 系统中同时沉积碳材料,其他的沉积参数如表 4.3 所列。

表 4.3　不同衬底上沉积碳材料的条件参数

沉积压强 /Pa	衬底温度 /℃	沉积功率 /W	流量比/sccm CH_4 : Ar	沉积时间 /min	基板间距 /cm
50	300	200	2:50	60	5

同样的,在沉积完碳薄膜材料之后,我们分别对这些衬底上所获得的材料进行了相应的 SEM 和拉曼表征。如图 4.8 所示,给出了不同的衬底上所获得碳薄膜材料的拉曼图以及相应的表面形貌图。由于抛光硅衬底和玻璃衬底上未能成功沉积生长出碳薄膜材料(未能检测到拉曼信号),因而图 4.8 给出的是剩余的 8 种衬底上所得到的碳薄膜材料的拉曼图以及相应的表面形貌图。同时由于 D 峰和 G 峰的半高宽会受晶体尺寸和缺陷的影响,因此我们通过拟合计算了不同类型衬底上所得材料拉曼特征峰 D 峰和 G 峰的半高宽及 G 峰与 2D 峰的比值,如表 4.4 所列。结合图 4.8 的图示和表 4.4 的数据分析,我们可以看到,不同衬底上所得到的碳薄膜材料的形貌及结构形态各不相同。在铜片衬底上可以沉积得到 2~3 层石墨烯薄膜材料,且结晶性较好,缺陷很少,不过由于铜表面粗糙度不均匀,导致得到的碳材料的信号差别较大,具有很大的偶然性。同时,与其他研究不同的是,在硅衬底上,我们也可以沉积得到多层石墨烯结构,而且通过参数和工艺的调整也是可以沉积出少数层石墨烯薄膜的。这将省掉了石墨烯电子器件制备过程中的转移工序,而大大简化了工艺流程、降低了制作成本,同时也很好地避免了转移过程中所引起的引入杂质和降低薄膜质量的问题。在硅-镍衬底相比于硅衬底更容易沉积碳材料,且信号更强更稳定,但是所得到的碳材料层数更多,更厚(大约在微米量级)。说明镍的催化能促进碳材料的成核和凝聚,但不利于单层石墨烯的生长。相比于镍箔衬底,铜箔上更容易沉积碳材料,但荧光效应会比较明显。镍箔相较于铜箔表面更利于单层或少数层石墨烯的沉积,但所得信号噪音干扰较大,说明所获得的材料信号并不稳定。

众所周知,诸如铜、镍这一类的过渡金属可以在碳材料的沉积过程中作为催化剂来降低反应所需的能量势垒。因此有过渡金属作为催化剂的衬底表面碳材料的覆盖率要更高厚度也要更厚,如图 4.8 中的(e)~(h)所示。值得一提的是,片状的铜箔或者镍箔衬底和蒸镀到其他绝缘衬底上的颗粒状的铜或者镍对碳材料生长的催化作用又是有区别的。在图 4.8(f)和(h)中,直接在镍箔或者铜箔上生长碳材料时更容易形成一些倾斜的石墨烯片,而通过蒸发镍或者铜颗粒上去的衬底则不然。而且同样的铜或者镍蒸镀到不同的衬底上后沉积所得到的碳材料的结构和形态也会有区别。比较图 4.8 中的(b)(c)和(e)图,抛光硅和玻璃由于太光滑因而很难在垂直方向上沉积铜和镍的颗粒。因此在 Si-Ni 衬底上沉积碳材料时,所得到的石墨烯薄膜会更厚而且更倾向于垂直生长。然而,同时,我们也可以直接在经过 RCA 清洗处理后的硅衬底上用 PECVD 方法生长出石墨烯薄膜。在图 4.8(a)中,这种衬底更容易生长高质量的单层石墨烯薄膜,但是,这种方法不利于大面积连续性石墨烯薄膜的生长。因此,我们从 SEM 图上可以看到很多花斑状的石墨烯碎片散乱地分布在硅衬底上。

很显然,衬底的形貌对碳薄膜材料的沉积和生长都有着非常重要的影响。衬底表面所具有的特定结构在空间上形成了捕获特定原子基团的势阱,增加了捕获特定原子基团的概率。不同的表面结构决定了其捕获碳原子的结构方式及其能量状态。不同表面形貌所俘获的原子基团的能量、其形成的成核中心、沉积的速率均不同,因而最终所得到的材料也大不相同。太过平滑的表面(如抛光硅、玻璃等),由于其附着力太小不能提供足够的能量以捕获原子基团,因而不利于碳材料的成核,所以我们在玻璃和抛光硅衬底上未能探测到任何碳材料的信号。而未经抛光处理的衬底则可提供大量的石墨烯成核位点,并且使碳原子快速堆叠成三维石墨结构。这是因为起伏不平的表面更容易形成成核中心来俘获能量。也就是说,粗糙的表面能够维持更高的局部电场,因而更容易引入荷电的碳质粒子。由于石墨烯薄膜的生长是在成核与台阶生长之间的竞争,所以衬底的选择非常重要,表面过于光滑或粗糙的衬底均不利于单层或者少数层石墨烯薄膜的生长。粗糙度适中的表面既能帮助石墨烯薄膜迅速形成成核中心,同时又能抑制它的过度成核和往垂直方向的堆叠生长。总的来讲,可以根据所需要生长的碳材料的结构和形貌来对不同表面形貌的衬底进行选择,再通过调节生长过程中的其他参数来获得不同用途的碳材料。

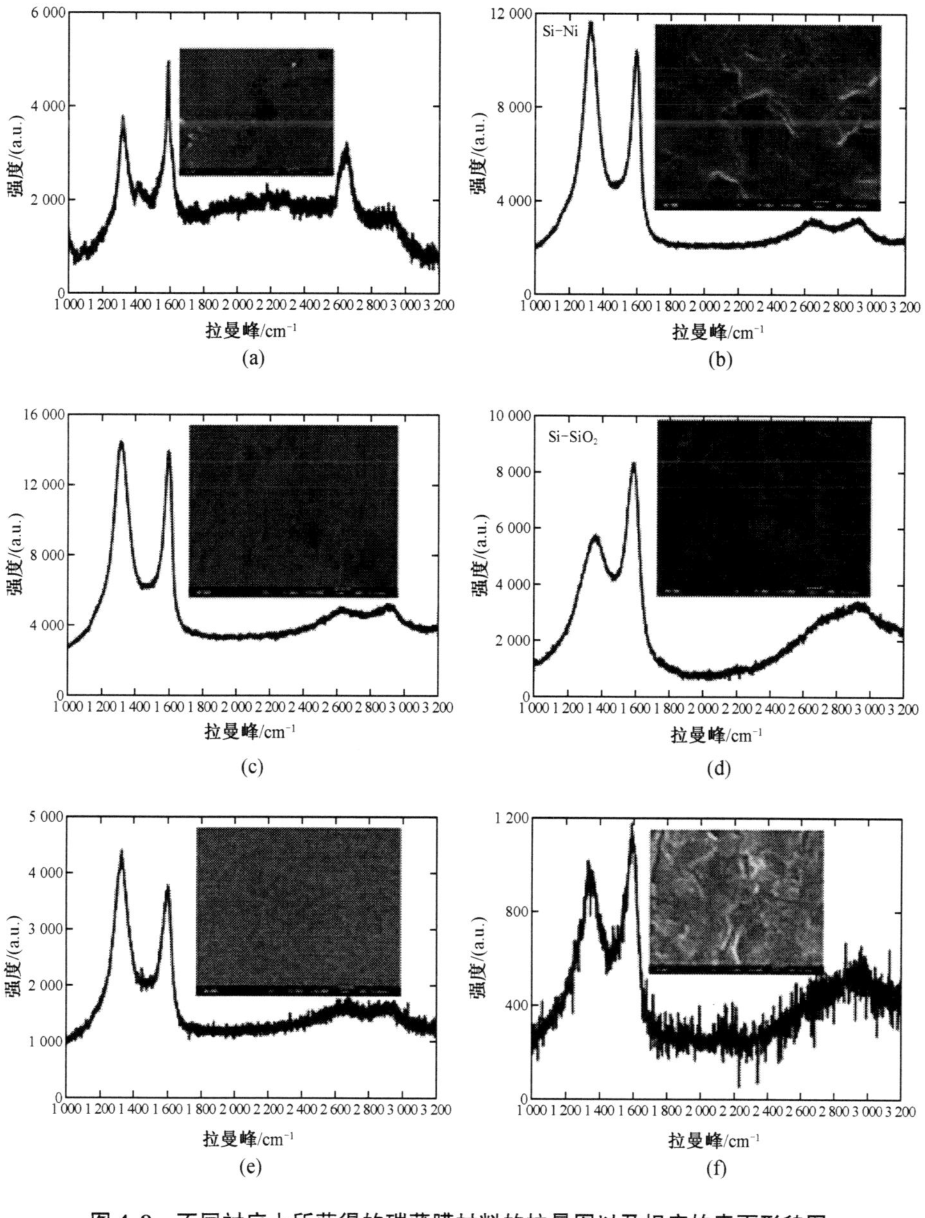

图 4.8　不同衬底上所获得的碳薄膜材料的拉曼图以及相应的表面形貌图

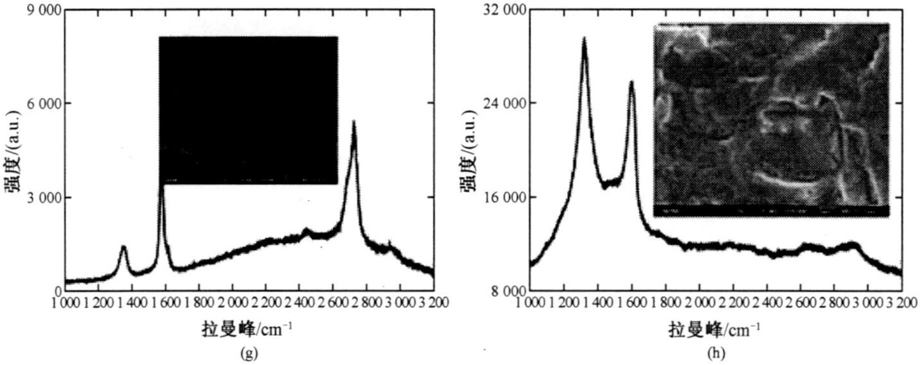

图 4.8(续)

表 4.4　不同类型衬底上所得材料拉曼特征峰半高宽及比值

衬底类型	Si	Si-Ni	Si-SiO_2	Polish Si-Ni	Cu foil	Ni foil	Cu	Glass-Ni
D 峰半高宽/cm^{-1}	64	92	118	101	59	128	25	76
G 峰半高宽/cm^{-1}	42	53	63	57	36	72	8	39
I_{2D}/I_G	0.87	3.54	2.96	1.91	1.75	2.34	0.38	2.66

4.5　PECVD 生长碳材料的温度-压强关系图

改变沉积条件和参数，我们获得了一系列不同结构和形貌的碳纳米材料。通过对大量实验结果的总结分析，我们得到了如图 4.9 所示的碳薄膜材料的结构性质与沉积温度、压强之间的关系图。

根据图 4.9 所示的结果，从 PECVD 生长碳材料的可行性角度，我们可得到以下几点结论：

(1)衬底温度为 300～1 100 ℃，沉积生长碳材料具有可行性。

(2)低温低压(<500 ℃，<100 Pa)条件下不利于二维结构的石墨烯薄膜的沉积。

(3)高温高压(>900 ℃，>100 Pa)条件下比较易于高质量石墨烯薄膜的生长。

(4) 中等温度、中等压强(100~1 000 Pa,600~850 ℃)条件下,更容易生成岛状、孤立、不连续的三维碳材料。

(5) 温度降低所生成的碳材料易于出现缺陷。

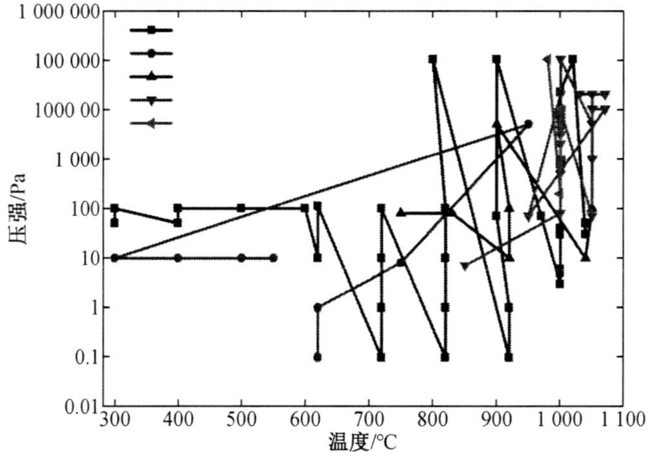

图 4.9　碳薄膜材料的结构性质与沉积温度、压强之间的关系图

4.6 本章小结

本章中,我们通过改变沉积条件和参数,采用控制变量的方法从实验上探究了各项沉积参数对 PECVD 生长的碳材料性能的影响,包括沉积压强、沉积功率、沉积时间、气体流量、衬底温度、衬底的表面形貌以及催化剂等;着重介绍了影响 PECVD 生长碳材料的 3 个主要因素:温度、时间及表面衬底形貌;对不同条件下生长得到的碳材料进行了拉曼和扫描电镜的表征,分析研究了各参数对材料成分和结构的影响;并通过制备不同的碳硅异质结器件,对不同沉积条件下所得到的碳材料的光电功能特性进行了研究。

参考文献

[1] MEYYAPPAN M, DELZEIT L, CASSELL A, et al. Carbon nanotube growth by PECVD: A review[J]. Plasma sources science and technology, 2003, 12(2): 205-216.

[2] LONSDALE K. Diamonds, natural and artificial[J]. Nature, 1944, 153: 669-672.

[3] LIFSHITZ Y. Diamond-like carbon: Present status[J]. Diamond and related materials, 1999, 8(8/9): 1659-1676.

[4] ISHIDA H, SATAKE N, JEONG G H, et al. Experimental study of fullerene-family formation using radio-frequency-discharge reactive plasmas[J]. Thin solid films, 2002, 407(1/2): 26-31.

[5] SINGH V, JOUNG D, ZHAI L, et al. Graphene based materials: Past, present and future[J]. Progress in materials science, 2011, 56(8): 1178-1271.

[6] LEWIS A M, DERBY B, KINLOCH I A. Influence of gas phase equilibria on the chemical vapor deposition of graphene[J]. ACS nano, 2013, 7(4): 3104-3117.

[7] GUÉRET C, DAROUX M, BILLAUD F. Methane pyrolysis: Thermodynamics[J]. Chemical engineering science, 1997, 52(5): 815-827.

[8] ZHANG W H, WU P, LI Z Y, et al. First-principles thermodynamics of graphene growth on Cu surfaces[J]. The journal of physical chemistry C, 2011, 115(36): 17782-17787.

[9] LIMA DA SILVA A, MÜLLER I L. Operation of solid oxide fuel cells on glycerol fuel: A thermodynamic analysis using the Gibbs free energy minimization approach[J]. Journal of power sources, 2010, 195(17): 5637-5644.

[10] FERRARI A C, BASKO D M. Raman spectroscopy as a versatile tool for studying the properties of graphene[J]. Nature nanotechnology, 2013, 8(4): 235-246.

[11] TUINSTRA F, KOENIG J L. Raman spectrum of graphite[J]. The journal

of chemical physics, 1970, 53(3): 1126-1130.

[12] YOSHIMURA A, YOSHIMURA H, SHIN S C, et al. Atomic force microscopy and Raman spectroscopy study of the early stages of carbon nanowall growth by DC plasma-enhanced chemical vapor deposition[J]. Carbon, 2012, 50(8): 2698-2702.

[13] KNIGHT D S, WHITE W B. Characterization of diamond films by Raman spectroscopy[J]. Journal of materials research, 1989, 4(2): 385-393.

[14] PANG H, WANG X Q, ZHANG G L, et al. Characterization of diamond-like carbon films by SEM, XRD and Raman spectroscopy[J]. Applied surface science, 2010, 256(21): 6403-6407.

[15] DONG Y L, WU X W, MARTINI A. Atomic roughness enhanced friction on hydrogenated graphene[J]. Nanotechnology, 2013, 24(37): 375701.

[16] VENABLES J A, SPILLER G T, HANBUCKEN M. Nucleation and growth of thin films[J]. Reports on progress in physics, 1984, 47(4): 399-459.

[17] YU Q K, LIAN J, SIRIPONGLERT S, et al. Graphene segregated on Ni surfaces and transferred to insulators[J]. Applied physics letters, 2008, 93(11): 113103.

[18] SEAH C M, CHAI S P, MOHAMED A R. Mechanisms of graphene growth by chemical vapour deposition on transition metals[J]. Carbon, 2014, 70: 1-21.

[19] ESCONJAUREGUI S, WHELAN C M, MAEX K. The reasons why metals catalyze the nucleation and growth of carbon nanotubes and other carbon nanomorphologies[J]. Carbon, 2009, 47(3): 659-669.

第 5 章 PECVD 沉积碳薄膜材料的生长机理研究

5.1 引 言

自 1991 年一维碳材料碳纳米管发现以来,得益于人类对真理的渴求也为了科学技术的发展,人们对低维碳材料的研究从未间断过,无数个科研工作者在对碳材料家族的研究道路中挥洒了汗水,也得到了很多丰硕的成果。尽管如此,对于碳材料家族中的一些新材料、新技术的研究仍存在很多未知或者不确定的知识,需要科研工作者进一步的探索和研究,以便更好地将其应用于实际生活中。对于 PECVD 生长二维碳基薄膜这种较为新颖的研究方法来说更是如此,比如,PECVD 生长二维碳基薄膜的生长机理的深入认识以及影响其生长质量的关键因素的研究,其理论的研究远远滞后于其制备工艺的研究。从前期的文献来看,尽管有些文献试着对这些问题进行了探究,但基本都是基于吉布斯自由能能量最小化和第一性原理这两种相对较宽泛的方法进行了一些简单的定性分析。Amanda M. 以及他的合作者探讨了气相平衡对 CVD 沉积石墨烯薄膜的影响。Christophe Gueret 计算并研究了甲烷气体分解过程中的热动力学过程。中国科学技术大学的张文华课题组采用第一性原理的方法研究了在铜箔表面生长石墨烯薄膜的热动力学过程。然而,我们都知道用 CVD 方法沉积碳材料的过程是一个同时涉及反应热力学及动力学的复杂过程。要优化碳薄膜材料的生长条件,就迫切需要对 PECVD 生长碳薄膜材料的内在化学热力学和动力学机理进行深入探究。

通过对前几章实验结果的分析,我们发现在化学气相沉积碳材料的过程中,碳材料的生长会受到多方面因素的影响。因此,本章将基于上一章的实验结果,从理论上对 PECVD 沉积二维碳基薄膜的生长机理做更进一步的探讨。

本章将从热力学和动力学角度对PECVD生长碳材料整个反应过程的理论机理进行详细的探讨,总结碳材料沉积生长过程中不同阶段的影响因素及作用机理。

5.2 PECVD沉积碳材料的热动力学理论基础

5.2.1 热力学理论基础

反应热力学:碳材料的沉积过程需要考虑反应的吉布斯自由能变化(ΔG)。当ΔG为负值时,反应在给定条件下是自发的。反应的ΔG与温度(T)和熵变(ΔS)有关,公式为$\Delta G=\Delta H-T\Delta S$。其中,$\Delta H$为反应的焓变。在PECVD过程中,通过控制温度和等离子体能量,可以使反应朝着有利于碳沉积的方向进行。

相平衡:在沉积过程中,气相中的碳物种与基底表面的固相碳之间存在相平衡关系。根据相图,可以确定在不同温度和压力下碳材料的稳定相(如石墨、金刚石等)。在PECVD条件下,通过调整工艺参数,可以促进目标碳相的形成。

吸附与脱附:气态碳前驱体分子在基底表面的吸附和反应产物的脱附是沉积过程的关键步骤。吸附过程受吸附能、表面能等因素影响,而脱附则与温度、压力等有关。在等离子体作用下,吸附分子的活化能降低,有利于反应的进行。

5.2.2 动力学理论基础

1. 反应速率

碳材料的沉积速率与反应物的浓度、温度、等离子体参数等密切相关。反应速率常数(k)通常可以用阿伦尼乌斯方程表示:

$$k=Ae\hat{}(-E_a/(RT))$$

其中,A为指前因子;E_a为活化能;R为气体常数;T为绝对温度。

在PECVD中,等离子体提供的能量可以有效降低反应的活化能,从而提高沉积速率。

2. 成核与生长

碳材料的成核与生长过程是沉积过程的重要环节。在基底表面,活性炭物种首先形成稳定的晶核,然后晶核逐渐长大并相互连接形成连续薄膜。成核速率和生长速率受表面能、扩散速率等因素影响。在等离子体环境中,由于反应物的高活性和高能量,成核和生长过程可以加速进行。

3. 扩散与传输

在 PECVD 过程中,反应物和产物的扩散与传输对沉积过程有重要影响。气相中的前驱体分子需要扩散到基底表面,而反应产物则需要从表面扩散出去。扩散过程受气体流动、压力、温度等因素影响。在等离子体作用下,气体分子的运动速度增加,扩散速率提高,有利于反应的进行。

5.2.3 影响因素及调控策略

1. 温度

温度是影响 PECVD 沉积碳材料的关键因素之一。较高的温度有助于提高反应速率和改善薄膜质量,但可能导致部分碳材料热解,从而影响薄膜性能。通常,PECVD 沉积碳材料的温度范围为 200~400 ℃。

2. 压力

反应室内的压力对沉积过程有显著影响。较高的压力可以增加气体分子的碰撞频率,提高反应速率,但可能导致气体流动不均和薄膜质量下降。通常,PECVD 沉积碳材料的压力范围为 0.1~10 Pa。

3. 气体流速

前驱体气体的流速影响反应物的供应量和反应速率。适当的气体流速可以保证反应物的充足供应,但过高的流速可能导致反应不充分和薄膜质量下降。

4. 等离子体参数

等离子体的功率、频率等参数对沉积过程有重要影响。较高的等离子体功率可以提供更多的能量,促进反应的进行,但可能导致基底表面损伤。等离子体频率的选择需要根据反应气体的性质和薄膜的要求进行优化。

5. 基底材料与表面处理

基底材料和表面处理对碳材料的沉积有显著影响。不同的基底材料具有不同的表面能和催化活性,会影响碳材料的成核和生长。在沉积前对基底进行清洁、预处理等操作,可以提高薄膜的附着力和质量。

5.3 PECVD 沉积碳材料的主要过程

PECVD 沉积碳材料的过程是一个涉及多种成分、多种粒子,以及多种反应同时发生的复杂动态过程。其详细机理示意图如图 5.1 所示(以甲烷气体的分解为例)。

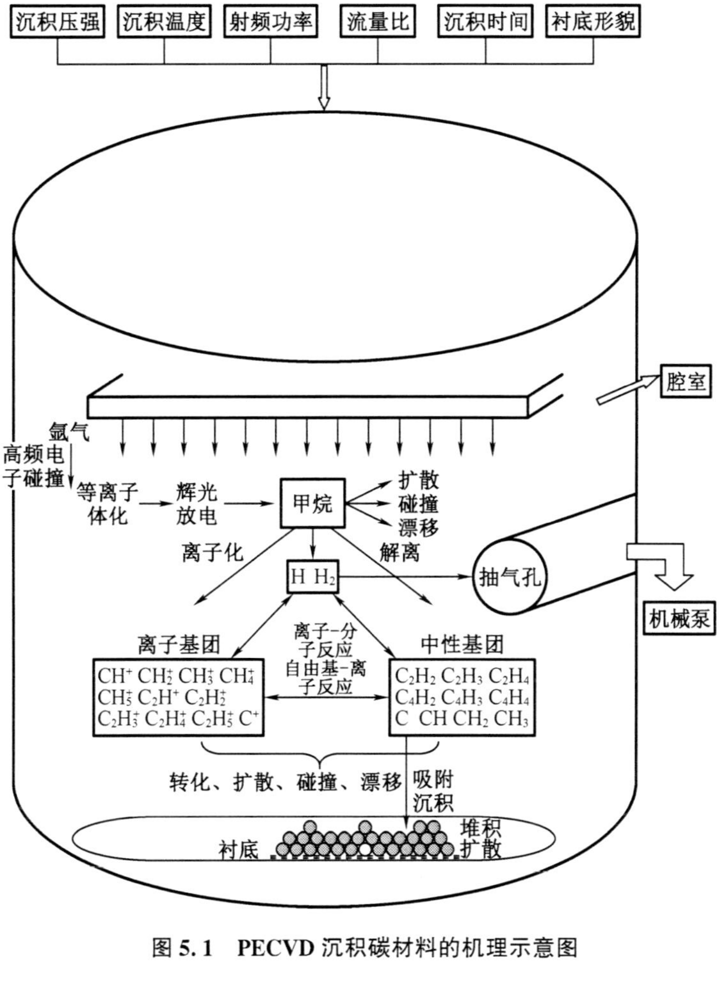

图 5.1　PECVD 沉积碳材料的机理示意图

5.3.1 前驱气体引入

将包含碳元素的前驱气体(如甲烷、乙烷、苯等)引入沉积腔室,这些气体是沉积碳材料的原料。气体需要保持高纯度并精确控制流量,以保证沉积过程的稳定性和薄膜性能的一致性。

5.3.2 等离子体激活

等离子体激活是指输入足够的能量以打断碳氢键(碳氢化合物裂解)。在等离子体提供的足够的能量下,等离子体中的电子与反应气体的分子不断碰撞,使甲烷分子解离、分解成各种离子、原子以及激发态的活性基团。通过射频、微波等激发方式使沉积腔室中的前驱气体发生电离,形成等离子体。等离子体中的电子与反应气体分子发生碰撞,使反应气体分子分解,形成离子和活性基团的混合物。这种激活作用能显著提高反应物的活性,降低沉积过程所需的温度。

5.3.3 反应与输运

反应与输运是指各种碳氢自由基的化学气相反应。在等离子体和基板温度的作用下这些原子、分子和碳氢自由基会在整个腔室内扩散、漂移以及相互碰撞。在向衬底迁移的过程中,这些活性基团会相互之间发生一系列的气相化学反应。活性基团向基底表面和腔室管壁扩散输运。在扩散过程中,活性基团之间可能发生次级反应,进一步影响薄膜的组成和结构。

5.3.4 表面吸附与反应

表面吸附与反应是指到达基底表面的活性基团被吸附,并与表面发生化学反应。同时,等离子体中的正离子受到电场加速,可能会对基底表面产生一定程度的轰击,有助于改善薄膜的附着力。吸附的活性基团之间相互作用,逐渐成核并生长,形成碳薄膜。反应过程中可能还会释放出一些气相副产物,这些副产物需要及时从沉积腔室中排出,以避免对薄膜质量产生不良影响。

5.3.5 沉积与成膜

碳基粒子通过相互碰撞、迁移到达衬底表面,在系统能量的作用下,发生表面扩散及迁移,一部分未反应的气体及二次生成物脱离表面,由抽气系统排出腔体,另一部分被表面吸附,沉积在衬底上的原子逐步由各自独立的离散型分布向聚集状态转变。一旦大于临界核心尺寸的小岛形成,它接受新的原子而逐渐长大,而小岛的数目则很快达到饱和。小岛像液珠一样互相合并而扩大,而空出的衬底表面上又形成了新的岛。形成与合并的过程不断进行,直到孤立的小岛之间相互连接成片,一些孤立的孔洞也逐渐被后沉积的原子所填充,最后形成薄膜。随着反应的持续进行,碳材料不断在基底表面沉积,晶核逐渐长大并相互连接,最终形成连续、均匀的碳薄膜。通过控制沉积时间、反应物浓度、等离子体功率等参数,可以精确控制薄膜的厚度和性能。

5.4　PECVD 沉积碳材料的热动力学总体分析

PECVD 沉积碳薄膜材料的过程本质上是一种由动力学和热力学之间的竞争所主导的非平衡现象。只有深入理解了其中的竞争机理(热力学和动力学过程),才可能更精确的调节参数,控制薄膜的生长条件,进而可控的生长所需形貌、结构和性质的碳薄膜材料。化学热力学是指化学反应的反向和限度以及伴随发生的能量转化关系决定反应的可能性,热力学因素有:温度、压强、熵、吉布斯自由能及其间的关系。化学动力学是指化学反应的速率和机理决定反应的现实性,动力学因素有:温度、气体浓度、催化剂、活化能及反应途径。用 PECVD 方法沉积生长碳材料是一个动态过程,不可能在平衡状态下进行,而热力学所处理的问题一般都属于平衡状态的问题。而在研究任何过程的动力学问题之前,若对其中所包含的平衡问题有所了解,则可以预测 PECVD 生长碳材料过程中可能遇到的问题(如偏离平衡态的程度),以及说明或提出解决问题的方法。因而在考虑实际沉积碳材料的过程中,必须确定 PECVD 沉积碳材料过程的实质究竟是与达到的平衡状态有关,还是与各种过程进行的速率有关。如果碳材料生长的速率或晶体的形态取决于某一过程进行的速率(例如,在表面上的成核速率),那么就必须用适当的速率理论来分析,这时热力学就没有什么价值了。但如果过程进行程度非常接近于平衡态(准平衡态,在高温时常常如此),那么热力学方法对于预测沉积所得到碳材料的结构以及成分随温度、压强和实验过程中其他的沉积参数而改变的情况,就有很大的价值。我们知道,吉布斯自由能是衡量一个化学反应的方向和限度以及伴随反应中发生的能量转化关系的有效参数。所以,对于采用 PECVD 方法生长碳材料这样一个有多种反应同时发生的系统而言,需要通过吉布斯自由能最小化的方法来进行其平衡态的计算,通过选择适当的沉积参数来有目的性的合成不同的功能材料。

化学热力学计算表明,在一个大气压和温度超过 500 ℃左右时,由碳、氢两种元素共同或者单独构成的物质中,石墨和氢气具有最低的吉布斯自由能(标准生成自由能为 0 kJ/mol)。除少数烃类气体(C_2H_2、C_2H 等)外,绝大多数的烃类气体的吉布斯自由能随着温度的升高而增大。因此,烃类气体发生气相热解反应,达到热力学平衡后,将接近百分之百的转化成固相的石墨和气相的氢气两相组分。图 5.2 为在一个大气压条件下,烃类分子、氢气、石墨、C_{60} 和无定型碳的吉布斯自由能随温度的变化情况示意图(归一化到 C1)。

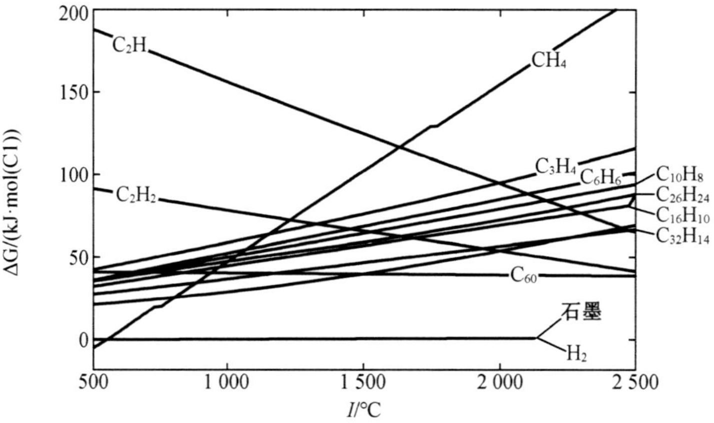

图 5.2　一个大气压下不同温度下烃类分子、氢气、石墨、C_{60} 和无定型碳的吉布斯自由能比较图

由图 5.2 可发现,虽然甲烷气体的吉布斯自由能随温度的升高而增大,但是在温度小于 550 ℃左右时,石墨和氢气的吉布斯自由能是大于甲烷的吉布斯自由能的,是碳-氢体系物质的非稳定相,这说明甲烷气体的最低分解温度为 550 ℃左右。而 800 ℃以下无定型碳的吉布斯自由能也大于甲烷的吉布斯自由能,又是碳-氢体系物质的非稳定相。所以,为了避免生成无定型碳(实际是乱层结构碳材料),一般的化学气相沉积法生长碳材料时,所需要的衬底温度都是大于 800 ℃的(一般的 CVD 方法至少需要加热到 1 000 ℃左右)。

本实验中我们所使用的射频等离子体化学气相沉积设备,可以提供高达 3~6 eV 的电子温度,远远高于甲烷气相成碳的 550 ℃,足以打断碳氢化合物的碳氢键并形成固态的碳和气态的氢气的。正如前面所分析的,由于非镜面的表面能够维持一个较高的局部电场,因而更容易引入荷电的碳质粒子。这样,便可大大减小化学气相沉积碳材料过程中所需要的热能,因此对于 PECVD 方法而言,衬底所需要的温度就不用那么高了(在我们的工作中,可以在温度低至 300 ℃的条件下沉积得到石墨烯薄膜)。同时,通过调节参数来控制沉积速率可以有效地减少碳材料在垂直方向上的生长,进而达到生长二维石墨烯薄膜的目的。另一方面,对于不额外加入氢气是出于以下 3 方面原因:

(1)高能电子容易引入超平衡氢原子,而超平衡氢原子更容易形成金刚石相的 sp^3 态碳键。

(2)过量的氢原子容易刻蚀 sp^2 态碳键,阻碍石墨烯的结晶成核而不利于碳薄膜的二维平面生长。

(3)甲烷中的氢可以作为氢气源,甲烷气体的裂解过程中总是伴随着氢气分子和氢原子的生成。

所以,我们认为不额外的加入氢气作为原料气体会更利于石墨烯薄膜的单层生长。综上所述,我们有理由相信,在不加入氢气和任何催化剂的条件下,是可以直接在硅衬底上低温沉积获得石墨烯薄膜的。而且直接在硅衬底上沉积碳薄膜的功能材料可以很好地避免碳材料质量变差或者由于转移而引入缺陷和杂质等问题,而且低温沉积大大降低了对衬底和材料本身的抗高温要求,可以很好地降低成本。当然,从实验结果来看我们也已经实现了直接在硅衬底上无氢无催化的生长石墨烯薄膜。

5.5　PECVD 沉积碳材料不同阶段的机理分析

为了从理论上进行进一步的论证,接下来我们将分别从反应热力学和动力学角度对 PECVD 沉积碳薄膜材料过程中所涉及的 3 个主要阶段进行详细分析。

5.5.1 甲烷裂解气相成碳的热力学分析

首先,当向腔室内通入甲烷气体并加上射频功率后,甲烷气体会在等离子体的作用下被高度激活。然后甲烷分子的碳氢键(C-H)就被打断并分解成了各种各样的碳基活性集团,如图5.2中所示。甲烷的这种分解反应是一个吸热反应,甲烷分子碳氢键键能为413 kJ/mol。甲烷分子活化过程是需要分裂具有很高离解能(413 kJ/mol=413×1.036×10^{-2} eV=4.28 eV)的碳氢键,故甲烷的分解需要从外界吸收能量。本实验中所用的电感耦合式的PECVD设备产生的等离子体能量为10~20 eV>>4.28 eV,可提供高达20 000~100 000 K的反应温度。这种高能电子和活性气体间的非弹性碰撞使得甲烷分子被离化或者被激发,使气体分子键断裂,降低了甲烷的分解能,并导致具有化学活性的物质产生,实现了反应的可能性。而形成吉布斯自由能就是衡量离解反应所需温度高低的变量,计算参量是初始氢碳比、温度、压强和各种物质的吉布斯自由能,对这个复杂化学平衡反应的分析有助于识别某一分子稳定时的温度域,确定裂解甲烷、氢混合物所需要的条件(P, T, H/C)。对于我们要研究的这个系统,可以认为,其总的自由能由理想气体和纯的凝聚相自由能组成,其表达式如下:

$$\frac{G}{RT}=\left(\sum_{i=1}^{N}n_i\left[\frac{G_i^0}{RT}+\ln(y_iP)\right]\right)_{\text{gas}}+\frac{1}{RT}\left(\sum_{i=1}^{N}n_iG_i^0\right)_{\text{condensed}} \tag{5.1}$$

其中,G_i^0是物质i在其标准状态下的吉布斯自由能;n_i是物质i的摩尔数量;y_i是物质i的摩尔分数。对于上述方程,最主要的问题是找到一个合适n_i的值,使得目标函数最小。

根据热力学基本方程:

$$\mathrm{d}G=-S\mathrm{d}T+V\mathrm{d}P \tag{5.2}$$

可知,温度和压强是影响吉布斯自由能变的最主要的因素。而吉布斯自由能与温度的微分关系可表示为

$$\left(\frac{\partial G}{\partial T}\right)_P=\frac{G-H}{T} \tag{5.3}$$

如果我们以温度为变量来表示等压热容的变化,可以得到:

$$\Delta C_P=\Delta A+\Delta BT+\Delta CT^{-2}+\Delta DT^2 \tag{5.4}$$

这样就有,

$$\Delta G=\Delta H_0-\Delta AT\ln T-\frac{1}{2}\Delta BT^2-\frac{1}{2}\Delta CT^{-1}-\frac{1}{6}\Delta DT^3+\Delta IT \tag{5.5}$$

这里，ΔH_0和 ΔI 都是积分常数。

另一方面，吉布斯自由能随压强变化的导数形式可以写成：

$$\left(\frac{\partial G}{\partial P}\right)_T = V \tag{5.6}$$

通过积分计算我们可得：

$$G(P_2,T) - G(P_1,T) = \int_{P_1}^{P_2} V\mathrm{d}P \tag{5.7}$$

对于单位摩尔的理想气体而言：

$$G_m(P,T) = G_m^0(P^0,T) + RT\ln\left(\frac{P}{P_0}\right) \tag{5.8}$$

可以做一个近似计算：

$$\Delta G = -2.3RT\ln K_P \tag{5.9}$$

此式中 K_p 为平衡常数：

$$K_P = \prod_{i=1}^{n} P_i(\text{products}) / \prod_{i=1}^{n} P_i(\text{reactants}) \tag{5.10}$$

当反应压强从 10^5 Pa 变化到 10^{-4} Pa 时，可以做一个估算将化学势的变化写成如下形式：

$$\mu_i(T,P) = \mu_i^0(T) + RT\ln\left(\frac{P_i}{P_0}\right) \tag{5.11}$$

从式(5.11)中可以发现温度对气相反应的影响要远远大于压强对它的影响。因此，我们可认为热力学因素，尤其是温度，很大程度上决定了碳氢气体分解成碳的反应能否发生的可能性。

5.5.2　自由基的化学气相反应动力学分析

如图 4.8 所示，甲烷分子解离后所形成的粒子会包含各种各样的成分，包括离子、原子、活性基团(激发态)等，例如 CH_x(x=0~3)。这些活性基团将会经历一系列的自由基反应，最后再生成碳材料和氢气。这些自由基的气相成碳反应可以被大致分成两类：

(1)自由基的直接化合反应，只涉及两种自由基和形态：

$$C_xH_y = xC + \frac{y}{2}H_2 \tag{5.12}$$

(2)自由基的连锁反应，通过产生别的自由基来完成一系列的链式反应：

$$C_xH_y \rightarrow C_{x+m}H_{y+n} \rightarrow \cdots \rightarrow C_s + H_2 \tag{5.13}$$

前面我们已经研究了气相成碳的热力学可能性,而且由于烃类气体的热解和成碳是同时发生、竞争进行的,这些气相反应过程中的弛豫时间非常短,使得整个反应系统很难达到一个热力学平衡状态,因此这一反应过程更倾向于由化学动力学的控制。

那么接下来我们将从动力学角度来对 PECVD 沉积碳材料的过程进行分析。而反应速率是影响反应动力学最直接的因素,因此我们首先写出反应速率的表达式:

$$v_A = K_A C_A^{\alpha} C_B^{\beta} \tag{5.14}$$

这里 C 为反应物的浓度,而 α 和 β 表示反应级数,反应常数 K_A 为

$$K_A = K_0 \exp\left(-\frac{E_a}{RT}\right) \tag{5.15}$$

由式(5.15)可知,在确定的反应物浓度的条件下,反应速率的大小与反应常数呈正相关性。这里值得说明一下的是,甲烷气体裂解反应的过程中会有氢原子的参与,但这些氢原子并不是由氢气分子分解产生的,而是来自甲烷分子和自由基的裂解。因为氢气分子的均气相裂解是个二级反应,具有很高的反应活化能(402.4 kJ/mol),即使温度高到 2 500 K 时,氢气分子的解离速率也只能达到 $1.45\times10^{18}\ cm^3\cdot mol^{-1}\cdot s^{-1}$。因此,甲烷气体的均气相反应过程中,氢气作为单独气源的加入对甲烷分子的气相成碳并没有多大促进作用。但是在甲烷分子裂解过程中生成的氢原子却具有很高的反应活性,能够和所有烃类气体发生化学反应,其反应活化能一般都小于 40 kJ/mol。以甲烷分解的第一步过程为例,有无氢原子的参与其初级反应速率有很大的区别,如表 5.1 所示,分别对比列出了两种情况下的初级反应方式及各项参数。从表中我们可以看到,当有氢原子参与时甲烷分子可以直接结合氢原子生成 CH_3 自由基和氢气。而对于没有氢原子参与的甲烷分解初级反应所需要的活化能更高,从而使得甲烷分解的初级反应变得更困难且其反应速率要比有氢原子参与的反应低 5 个数量级。也就是说氢原子在 PECVD 生长碳材料中有促进 CH_x 自由基生成活性更高基团和加快反应速率的作用,会大大影响反应速率。因此,在用 PECVD 沉积碳材料过程中,完全不需要额外加入氢气作为源气体,而是可以通过控制其他的热力学条件调节反应速率来促进甲烷气体沉积生成石墨烯薄膜。当然,我们的实验结果也正好验证了这一理论推断。

表 5.1　甲烷分解气相成碳的初级反应及其动力学参数

甲烷分解	没有氢参与	有氢参与
初级反应路径	$CH_4 \rightarrow CH_3 + H$	$CH_4 + H \rightarrow CH_3 + H_2$
活化能 E_a/(KJ · mol^{-1})	440.49	358.99
速率常数 K/(cm^3 · mol^{-1} · s^{-1})	1.37×10^{-2}	2.21×10^{3}

5.5.3　二维碳基薄膜的成核与生长

受到等离子体作用的气相原子都带有一定的能量,伴随着自由基反应的同时,大量的活性基团相互反应并通过碰撞、扩散和漂移快速聚集到衬底表面,这些荷电的碳质粒子会在俘获了足够的能量的地方成核并吸附在成核中心。最后,随着时间的推移,这些碳原子键合在一起形成碳的薄膜材料。在这个过程中,成核之前团簇反复团聚和分解,生长为吸热过程,因而生长得非常缓慢,可以看作准热力学平衡过程。而当团簇超过了临界核尺寸,随着团簇的增大,吉布斯自由能增量进一步降低,团簇开始快速的连续生长。也就是说,石墨烯薄膜的生长包含成核和边缘生长两个方面。最终的薄膜形态取决于这两种生长方式之间的竞争。而这两种生长方式都表现出了一定的温度依赖性,温度会影响成核密度及速率。在极低温的情况下,气相中的碳材料成核和生长前驱体在衬底表面的迁移率和反应速率降低,从而降低了碳原子在衬底表面的成核密度并延长了成核所需的时间,成核会非常缓慢且稀疏。但在足够的时间下会有利于边缘生长,这些成核中心会更多地向平面方向生长。而相对较高的温度有利于提高反应速率,可以增加成核密度加快反应的进行,促使碳原子迅速堆叠,这会有助于提高薄膜的覆盖率,但却容易迅速形成三维材料而不利于碳薄膜的低维生长。可以认为碳材料的生长是控制碳质粒子在一定的热力学条件下进行的相变过程,通过这一过程使碳材料达到符合所需要的状态和性质。因此,这个过程是一个涉及热力学吸附和动力学速率的过程,会同时受到热力学和动力学因素的影响。具体分析如下:

1. 成核控制

成核的重要性:成核是通过自组装生成热力学稳定或具有更低自由能新相的前提,决定了新相形成和自组装结构出现的时间,成核密度决定了薄膜的几何形状和晶粒尺寸。

成核过程的难点:成核过程发生在分子水平,临界晶核大小及形成时间很难通过实验准确确定。

成核理论的应用:晶体的成核理论(CNT)最初用于理解气态向液态转化的过程,随后逐渐用于解释新的液体和固体热力学相的形成。在CVD过程中,晶核的形成处于基础性地位,二维材料的生长机制遵从晶体生长的成核和连续生长模型。

研究成核的意义:对生长过程中的成核过程进行深入研究,有助于为制备高质量和大面积二维材料提供理论基础,使二维薄膜的可控生长成为可能。

2. 衬底处理对二维材料成核的影响

衬底表面处理:成核位点通常集中在衬底的高表面能区域。通过抛光处理铜箔,可以减少杂质、降低粗糙度,使表面更平整,从而减少高能区和吸附位点,让微观晶体粒子有更长的扩散距离,有助于生长均匀连续的二维薄膜。此外,高温退火、折叠处理等方法也可钝化衬底上的活性位点,避免生长过程产生缺陷和杂质。

液态金属衬底:液态金属表面光滑,可有效降低衬底表面的活性位点。例如,Geng等使用液态Cu作为衬底,成功合成了连续的石墨烯薄膜。石墨烯在液态Cu上的成核密度明显小于固体Cu衬底,且产物呈现"自组装"形式。碳源在液态衬底上更容易扩散,有助于石墨烯的连续成膜生长。液态非金属如熔融玻璃也可作为生长衬底,Loh等以熔融玻璃为衬底,成功制备了毫米级的$MoSe_2$单晶。熔融玻璃表面干净、原子级平坦、活性位点少,可促进大尺寸$MoSe_2$晶体的形成。

3. 化学势对成核行为的影响

化学势与成核理论:根据晶体生长理论,吉布斯自由能是影响成核过程中反应方向的有效参量,而吉布斯自由能与化学势有关。以石墨烯为例,单位面积的临界成核率与化学势呈指数关系。成核势垒为碳团簇达到临界核尺寸时的吉布斯自由能的增量,可通过公式计算。

化学势对成核率的影响:在高温下,金属衬底会产生台阶。研究表明,化学势对成核率的影响是指数关系,台阶处碳团簇的能量远低于平台处,导致石墨烯在台阶处的成核密度远大于平台处。因此,台阶成核所需要的化学势更低。目前,人工设计金属衬底台阶是实现大面积石墨烯薄膜外延生长的有效手段。若碳化学势过大,成核势垒将消失,碳团簇会自发凝聚,导致碳团簇生长速率过快,来不及修复生长过程中的缺陷。

4. 生长速率调控

生长速率对二维材料生长的影响:在一定范围内提高二维材料的生长速率可以改善其生长效率,并且较快的反应速率也会降低新核的形成,有助于单晶薄膜的形成。然而生长速率过快,会导致产物来不及修复生长过程中的缺陷,无法实现材料的高质量可控生长。因此,基于生长动力学调控二维材料的生长速率,改变维持反应进行所需的最低活化能,有助于进一步探索影响材料尺寸的机理和因素。

5. 衬底的催化作用

金属衬底的催化作用:一些具有催化作用的金属或非金属材料可以作为二维材料的生长衬底,在石墨烯和h-BN的生长中,通常使用金属衬底作为反应的催化剂。Patera等研究了Ni原子在石墨烯生长过程中的催化行为。模拟结果显示,与没有Ni原子参与的反应相比,该生长过程中的能量势垒降低了35%左右,可以看出,单个Ni原子对石墨烯边缘起到了催化作用,促进了产物的生长过程。此外,金属单原子也可以参与衬底表面的多种反应,这有望为石墨烯和其他材料的催化生长带来更加深入的思考。

氧元素对衬底表面的催化作用:二维材料生长的本质就是畴边缘的附着,对畴边缘处理可以有效地促进二维薄膜的生长。以石墨烯的生长过程为例,当碳团簇长成一定大小的纳米片后,石墨烯的生长就只发生在边界,进一步的生长行为必然依赖畴边界的原子结构。理论计算表明,石墨烯的氢端在Cu表面上具有能量优势,因此需要在碳原子附着之前对边缘进行脱氢处理。Hao等通过在Cu衬底表面引入氧元素以形成OH基团,这种处理可以使每个附着在Cu表面的H原子能量降低0.6 eV。此外,根据Bell-Evans-Polanyi原理,引入氧原子可以有效地降低边缘脱氢的活化能,并且氧可以加快烃原料的分解,加速碳原子在边缘的附着,进而增大石墨烯晶畴的面积。由于反应系统中的H_2具有中和作用,所以需要氧元素的连续供给,Xu等设计了一种可以持续供氧的生长系统,该系统通过打破石英板(与铜箔相距15 μm左右)中的悬挂键来释放氧元素。释放的氧气聚集在石英板和铜箔之间的狭窄区域,从而加强了氧原子对衬底表面的催化作用,因此5 s内即可合成尺寸为0.3 mm的石墨烯单晶薄膜。从CH分解过程中的能量变化可以看出,氧参与反应的能量势垒降低了0.95 eV左右。这种局部供氧的方法同样适用于其他二维材料的生长,比如h-BN、部分

TMDs 等。

5.6 本章小结

由上一章的实验结果结合理论分析,我们可以得到如下结论:固相碳材料的化学气相沉积都是复杂的气相化学反应和表面化学反应同时进行的过程。化学气相沉积法生长二维碳薄膜的机理会因为其生长条件的不同而呈现不同程度的差异,但其总的热力学和动力学基本原理是相同的。反应条件和参数决定其反应途径(实现性)和机理的不同,但其总的热力学现实性是一定的。具体而言在本试验中,甲烷的分解主要由热力学因素决定,随后碳氢自由基的气相反应则主要取决于反应动力学因素。最后,石墨烯的成核与生长则由衬底形貌、沉积温度等热力学和动力学因素同时决定。由前面的分析可知,以我们目前的实验条件下制备石墨烯薄膜是热力学可行的,而要想高效、可控的制备不同结构性能的低维碳薄膜材料,只需调节诸如温度、压强、气体浓度等动力学因素来控制反应的路径与速率即可。就具体的沉积参数而言:

(1)能量、含碳气源决定反应能否发生。

(2)衬底温度、催化剂、压强、气体浓度决定反应途径和反应发生的速率。

(3)催化剂、衬底预处理、沉积时间、基片旋转决定生成薄膜的质量、大小及所需时间。

参考文献

[1] MEYYAPPAN M, DELZEIT L, CASSELL A, et al. Carbon nanotube growth by PECVD: A review[J]. Plasma sources science and technology, 2003, 12(2): 205-216.

[2] LONSDALE K. Diamonds, natural and artificial[J]. Nature, 1944, 153: 669-672.

[3] LIFSHITZ Y. Diamond-like carbon: Present status[J]. Diamond and related materials, 1999, 8(8/9): 1659-1676.

[4]　ISHIDA H, SATAKE N, JEONG G H, et al. Experimental study of fullerene-family formation using radio-frequency-discharge reactive plasmas[J]. Thin solid films, 2002, 407(1/2): 26-31.

[5]　SINGH V, JOUNG D, ZHAI L, et al. Graphene based materials: Past, present and future[J]. Progress in materials science, 2011, 56(8): 1178-1271.

[6]　LEWIS A M, DERBY B, KINLOCH I A. Influence of gas phase equilibria on the chemical vapor deposition of graphene[J]. ACS nano, 2013, 7(4): 3104-3117.

[7]　GUÉRET C, DAROUX M, BILLAUD F. Methane pyrolysis: Thermodynamics[J]. Chemical engineering science, 1997, 52(5): 815-827.

[8]　ZHANG W H, WU P, LI Z Y, et al. First-principles thermodynamics of graphene growth on Cu surfaces[J]. The journal of physical chemistry C, 2011, 115(36): 17782-17787.

[9]　LIMA D A SILVA A, MÜLLER I L. Operation of solid oxide fuel cells on glycerol fuel: A thermodynamic analysis using the Gibbs free energy minimization approach[J]. Journal of power sources, 2010, 195(17): 5637-5644.

[10]　KIM K S, SEO J H, NAM J S, et al. Production of hydrogen and carbon black by methane decomposition using DC-RF hybrid thermal plasmas[J]. IEEE transactions on plasma science, 2005, 33(2): 813-823.

[11]　VLASSIOUK I, REGMI M, FULVIO P, et al. Role of hydrogen in chemical vapor deposition growth of large single-crystal graphene[J]. ACS nano, 2011, 5(7): 6069-6076.

[12]　LIU D H, YANG W, ZHANG L C, et al. Two-step growth of graphene with separate controlling nucleation and edge growth directly on SiO_2 substrates [J]. Carbon, 2014, 72: 387-392.

[13]　CHEN S M, GAO M, ZHAO L, et al. Hydrogen-free synthesis of few-layer graphene film on different substrates by plasma enhanced chemical vapor deposition[J]. Journal of materials science: Materials in electronics, 2015, 26(9): 6961-6969.

[14]　MATTEVI C, KIM H, CHHOWALLA M. A review of chemical vapour deposition of graphene on copper[J]. Journal of materials chemistry, 2011, 21

(10): 3324-3334.

[15] KVASHNIN A G, CHERNOZATONSKII L A, YAKOBSON B I, et al. Phase diagram of quasi-two-dimensional carbon, from graphene to diamond [J]. Nano letters, 2014, 14(2): 676-681.

[16] WEATHERUP R S, DLUBAK B, HOFMANN S. Kinetic control of catalytic CVD for high-quality graphene at low temperatures[J]. ACS nano, 2012, 6 (11): 9996-10003.

[17] VENABLES J A, SPILLER G T, HANBUCKEN M. Nucleation and growth of thin films[J]. Reports on progress in physics, 1984, 47(4): 399-459.

[18] NOVOSELOV K S, GEIM A K, MOROZOV S V, et al. Electric field effect in atomically thin carbon films[J]. Science, 2004, 306(5696): 666-669.

[19] CHEN S M, GAO M, CAO R N, et al. Hydrogen-free synthesis of graphene-graphitic films directly on Si substrate by plasma enhanced chemical vapor deposition[J]. Journal of materials science: Materials in electronics, 2015, 26(3): 1485-1493.

第 6 章　异质结界面调控

6.1　异质结界面对光电器件性能的影响

6.1.1　对光电转换效率的影响

1. 载流子分离与传输

在光电器件如太阳能电池中,异质结界面处的能级匹配和电场分布起着至关重要的作用。当光照射在太阳能电池上时,光生电子-空穴对在异质结界面处的内建电场作用下会迅速分离。若界面处能级连续且电场方向合适,光生电子和空穴更容易分别向两侧电极迁移,减少复合概率,从而提高光电转换效率。以钙钛矿/硅异质结太阳能电池为例,其界面能级匹配良好,光生载流子能高效分离,光电转换效率可达 30% 以上。此外,界面处的电场强度和分布均匀性也会影响载流子的分离效率。电场过弱可能导致载流子复合增加,而电场过强可能会引起空间电荷积累,同样不利于载流子的有效分离和传输。因此,优化异质结界面处的能级结构和电场分布是提高太阳能电池性能的关键。

2. 界面态密度

界面态是异质结界面处存在的特殊电子态,会捕获载流子,增加复合中心,降低载流子迁移率和收集效率。高密度的界面态会捕获大量载流子,形成载流子的复合陷阱,导致载流子的有效寿命缩短,减少最终能被收集到电极参与光电转换的载流子数量。通过优化界面质量、减少界面缺陷等调控手段降低界面态密度,有助于提升光电转换效率。例如,采用表面处理、等离子体清洗、化学修饰等方法去除界面处的污染物和缺陷,或者通过插入缓冲层、钝化层等来填补界面态,都可以有效降低界面态密度,减少载流子的复合损失,进而提高光电转换效率。

6.1.2 对载流子迁移率的影响

1. 晶格匹配与缺陷

异质结材料间晶格常数差异会导致界面处产生晶格失配缺陷,如位错、晶界等。这些缺陷会散射载流子,改变载流子的传输路径,增加载流子传输过程中的阻力,从而降低迁移率。当载流子在传输过程中遇到这些晶格缺陷时,会发生散射,导致载流子的运动方向改变、速度降低,甚至可能被陷阱捕获,无法继续参与传输。采用晶格匹配良好的材料可以从根本上减少晶格失配缺陷的产生。例如,在制备异质结时,选择晶格常数相近的材料进行组合,或者通过外延生长等技术使材料在异质结界面上实现较好的晶格匹配。此外,还可以进行界面缺陷修复等调控策略,如使用化学还原法去除氧化物缺陷、采用高温退火等手段使晶格重新排列修复缺陷,减少散射中心,提高载流子迁移率。

2. 界面电场与能垒

界面电场与能垒是影响载流子注入和传输的重要因素。合适的界面电场方向和强度可以降低载流子注入的势垒,促进载流子从电极或一层材料向另一层材料的注入。例如,在有机发光二极管(OLED)中,界面电场有助于电子和空穴从电极注入有机发光层。而能垒的存在则会阻碍载流子的传输,降低迁移率。通过插入势垒层或缓冲层等调控方法,可以优化界面电场和能垒。例如,插入一层薄的缓冲层可以调整界面处的能带弯曲,降低载流子的注入势垒,同时还能改善界面处的电场分布,使载流子更容易注入并高效传输,从而改善载流子迁移率。

6.1.3 对器件稳定性的影响

1. 化学稳定性

异质结界面处材料的化学反应活性直接影响器件的稳定性。如果界面材料易与其他物质发生化学反应,可能会生成不稳定的化合物或发生相变,导致器件性能衰减。例如,在有机/无机杂化太阳能电池中,有机材料与无机材料界面处可能会发生氧化还原反应,使有机材料降解,无机材料的表面性质改变,进而影响异质结的光电性能。选择化学稳定性好的材料是提高器件稳定性的基础。例如,采用化学惰性高的材料作为界面层,或者对界面材料进行化学修饰,增强其抗化学反应能力。此外,还可以进行界面保护,如在界面处覆盖一层保护层,隔绝外界环境中的水、氧等腐蚀性物质,防止界面材料发生化学反应,从而提高器件的稳定性。

2. 热稳定性

不同材料热膨胀系数的差异使异质结界面在温度变化时受到热应力作用。当温度变化时,不同材料的热膨胀程度不同,导致界面处产生机械应力。长期的热应力作用可能会使界面产生裂纹、分层等现象,破坏器件的结构完整性。例如,在有机太阳能电池中,有机材料和金属电极的热膨胀系数差异较大,在温度循环过程中,界面处容易出现分层,导致器件性能下降。采用热膨胀系数匹配的材料可以减少热应力的产生。例如,在选择异质结材料组合时,尽量使相邻材料的热膨胀系数相近。同时,还可以进行界面应力释放等调控,如在界面处设计应力缓冲层,缓解热应力对界面的影响,增强器件的热稳定性。

6.1.4 对发光效率的影响

1. 激子复合

在发光二极管等发光器件中,异质结界面处的辐射复合效率是决定发光效率的关键因素之一。高质量的界面能够减少非辐射复合中心,为激子的辐射复合提供更有利的环境。非辐射复合中心如界面缺陷、杂质等会捕获激子,使其以热能等形式耗散,而不产生光子。通过优化界面质量,如减少界面缺陷、去除杂质等,可以降低非辐射复合概率,提高激子辐射复合概率,从而增强发光效率。例如,在量子点发光二极管中,高质量的量子点与基底界面可以减少界面处的缺陷态,提高激子的辐射复合效率,使器件的发光效率得到显著提升。

2. 光提取效率

界面处的折射率差异会影响光的出射。当光从器件内部传播到界面处时,由于折射率的突变,部分光会发生反射,无法顺利出射到外部环境中。这降低了器件的光提取效率。通过优化界面结构,如设计纳米结构、采用反光层等调控策略,可以提高光提取效率。例如,在发光二极管表面制作纳米图案化结构,可以改变光在界面处的传播方向和反射、折射特性,减少光的反射损失,使更多光子能够从器件逸出,从而增强发光效率。此外,还可以在界面处添加光提取层,其折射率介于器件内部材料和外部环境之间,起到过渡作用,提高光的出射效率。

6.1.5 对晶体管性能的影响

1. 阈值电压

异质结界面处的电荷陷阱和能带弯曲会影响晶体管的阈值电压。界面缺陷和杂质作为电荷陷阱,会俘获载流子,改变界面处的电荷分布,进而引起表面电势的改变,导致阈值电压偏移。例如,在有机场效应晶体管中,界面处的陷阱态会俘获电子或空穴,使晶体管的开启电压发生改变。通过界面钝化等调控方法,如在界面处沉积一层钝化层,可以减少电荷陷阱,降低界面态密度,稳定界面处的电荷分布,从而稳定晶体管的阈值电压。

2. 迁移率与亚阈值摆幅

界面质量对载流子迁移率和亚阈值摆幅有着重要影响。高质量的界面可以减少载流子传输过程中的散射和陷阱效应。散射会改变载流子的运动方向和速度,降低迁移率;而陷阱会捕获载流子,导致亚阈值摆幅增大,影响晶体管的开关性能。通过优化界面质量,如采用高质量的材料制备工艺、进行界面清洁和修复等,可以提高载流子迁移率,降低亚阈值摆幅。例如,在半导体-绝缘体异质结中,通过改进制备工艺减少界面处的杂质和缺陷,可以使载流子迁移率提高,亚阈值摆幅降低,从而提升晶体管的开关速度和性能稳定性。

6.2 异质结界面调控原理和方法

界面调控(interface engineering)指通过物理/化学手段对异质结界面进行原子级修饰与结构设计,旨在降低界面态密度、优化能带对齐以及增强载流子输运效率。

6.2.1 异质结界面调控策略

异质结界面调控策略是指通过改变异质结界面处的结构、成分或性质,来调控异质结的电子结构、光学性质、磁性或其他物理性质,从而实现优化异质结性能和器件性能的目的,以下是一些常见的调控策略:

1. 表面处理与修饰

(1)化学修饰

化学修饰是一种精准调控异质结界面性质的有效手段。它通过在界面处引入特定的官能团或分子,改变界面的电子结构和亲疏水性等性质。在有机太阳能电池中,对电极界面进行化学修饰,可提高电极与活性层之间的功函数匹配,降低界面处的电荷复合,从而提高电池效率。例如,采用自组装单分子层(SAMs)技术,在金属电极表面修饰一层有机小分子,可以精确地调控电极的功函数,使其与有机活性层的能级更好地匹配,进而促进电荷的注入和收集。

在有机发光二极管(OLED)中,通过在发光层与电极界面处进行化学修饰,引入特定的有机小分子或聚合物,可以调整界面处的功函数,使电子和空穴更易于注入发光层中,从而提高发光效率。同时,化学修饰还可以改善界面处的电荷传输特性,减少电荷积累和复合损失,延长器件的使用寿命。此外,在有机光电探测器中,化学修饰可以改变界面的电子结构,提高对光信号的响应速度和灵敏度。

(2)等离子体处理

等离子体处理是一种高效的表面改性技术,它利用等离子体对材料表面进行轰击和化学反应,去除表面污染物、增加表面粗糙度、引入新的化学键等,从而改善界面的接触性能和黏附性。例如,氧等离子体处理 MXene,将其原位氧化为 TiO_2,制备 MXene-TiO_2/Si 垂直异质结构,可优化界面性能,降低暗电流。

等离子体处理不仅可以用于 MXene 制备 MXene-TiO_2/Si 垂直异质结构,还可以应用于各种材料的表面改性。在石墨烯基器件中,等离子体处理可以去除石墨烯表面的氧化物和杂质,提高石墨烯的导电性和结晶度,增强石墨烯与基底之间的相互作用。在有机/无机杂化太阳能电池中,对有机材料层进行等离子体处理可以增加其表面能,改善与无机材料层的界面接触,提高界面处的电荷转移效率。此外,等离子体处理还可以通过改变材料表面的化学键结构,引入新的活性位点,促进界面处的化学反应和相互作用。

2. 插入中间层

(1)势垒层插入

在异质结界面插入一层薄的势垒材料,如金属氧化物、半导体等,可以有效阻挡载流子的传输,减少界面处的复合,提高器件的性能。例如在有机发光二极管中,插入一层氧化物势垒层,可提高器件的发光效率和稳定性。在太阳能电池中，势垒层的插入也有着重要应用。在铜铟镓硒（CIGS）太阳能电池中，插入一层缓冲层作为势垒层，可以有效地阻挡电子的反向传输，减少电子与空穴在界面处的复合，提高电池的开路电压和光电转换效率。

在光电探测器中，插入适当的势垒层可以降低暗电流，提高信噪比，增强器件对光信号的检测能力。同时，势垒层还可以起到保护作用，防止相邻层之间的直接接触导致的化学反应或扩散，从而提高器件的稳定性和可靠性。

（2）缓冲层插入

通过在异质结界面插入缓冲层，可以调节界面处的能带弯曲、降低界面态密度、提高载流子的注入效率等。例如在钙钛矿太阳能电池中，插入一层有机小分子缓冲层，可提高电池的光电转换效率和稳定性。缓冲层的种类繁多，除了有机小分子缓冲层在钙钛矿太阳能电池中的应用外，还有无机缓冲层、聚合物缓冲层等。

在有机太阳能电池中，插入一层无机纳米缓冲层可以提高界面处的电荷分离效率，改善活性层与电极之间的电学匹配，提高电池的性能。在有机发光二极管中，缓冲层可以作为电子或空穴的注入层，降低注入势垒，提高载流子的注入效率，从而增强器件的发光亮度和效率。此外，缓冲层还可以调节界面处的能带弯曲，优化界面处的电场分布，促进载流子的传输和复合。

3. 能带调控

（1）元素掺杂

在异质结材料中掺入少量的其他元素，可以改变材料的能带结构和载流子浓度，从而影响异质结界面的电学性能。例如在 ZnO 中掺杂铝，可提高 ZnO 的导电性和透明度，改善 ZnO 与有机材料之间的异质结性能。元素掺杂是一种常用的调控材料能带结构的方法。

在硅材料中，通过掺杂磷、硼等元素可以改变硅的导电类型和载流子浓度，实现 n 型硅和 p 型硅的制备，从而构建硅基异质结器件，如晶体管、太阳能电池等。在氧化锌（ZnO）中掺杂镓、铟等元素，不仅可以提高 ZnO 的导电性和透明度，还可以改变其光学带隙，使其在紫外光探测器等领域具有更好的性能。此外，在二维材料如过渡金属二硫化物（TMDCs）中，通过掺杂可以调控其电子结构和带隙，实现从半导体到金属的转变，为制备高性能的电子和光电器件提供了新的途径。

(2)应变工程

通过对异质结材料施加机械应变,改变材料的晶格结构和能带结构,实现对界面处电荷输运和光吸收等性能的调控。例如,在石墨烯/硅异质结中,施加应变可以调节石墨烯的费米能级和硅的带隙,从而改变异质结的光电性能。应变工程在调控异质结界面处的能带结构方面具有独特的优势。

在氮化镓(GaN)基发光二极管中,通过对 GaN 层施加应变,可以改变其带隙和能带结构,实现波长可调的发光。应变工程还可以用于调控二维材料的异质结性能,例如在 MoS_2/WS_2 异质结中,施加应变可以调节界面处的能级匹配和电子耦合强度,从而改变其光电性能。此外,应变工程还可以与其他调控策略相结合,如与元素掺杂同时应用,实现更精确的能带调控。

4. 界面缺陷调控

(1)缺陷修复

通过化学还原、光照射、热退火等方法修复异质结界面处的缺陷,降低界面态密度,提高界面处的载流子迁移率和电学性能。例如在石墨烯/二氧化硅异质结中,通过氢气还原修复石墨烯表面的缺陷,可提高异质结的电子迁移率。缺陷修复对于提高异质结界面的质量和性能至关重要。

在钙钛矿太阳能电池中,通过热退火处理可以修复钙钛矿层中的晶格缺陷,提高其结晶度和电学性能,从而增强异质结界面处的电荷传输和收集效率。在有机太阳能电池中,采用光照射处理可以促进有机材料的分子重排,修复界面处的缺陷态,降低界面态密度,提高电池的光电转换效率。此外,化学还原法也是常用的缺陷修复手段之一,通过使用还原剂将界面处的氧化态缺陷还原为低能态的结构,从而改善界面的电学和光学性能。

(2)缺陷工程

缺陷工程不仅可以修复缺陷,还可以通过有目的地引入缺陷来调控异质结界面的性能。例如在 $MoTe_2$/石墨烯异质结构中,利用缺陷工程可以精确地控制 $MoTe_2$ 层中的缺陷类型、浓度和分布,从而调控载流子的复合动力学和非线性吸收特性。在碳纳米管/硅异质结中,引入适量的缺陷可以改变界面处的电子结构和电学性能,提高器件的场效应迁移率和开关比。

在有机/无机杂化异质结中,通过控制有机材料中的分子缺陷或无机材料中的晶格缺陷,可以实现对界面处电荷转移和复合过程的有效调控。此外,缺陷工程还可以与其他调控策略相结合,如与表面处理、插入中间层等协同作用,进一步优化异质结界面的性能。

5. 纳米结构设计

(1)纳米图案化

在异质结界面处制作纳米结构图案,如纳米线、纳米颗粒、纳米孔等,可以增加界面的接触面积、改变界面处的电磁场分布、提高载流子的分离和传输效率等。例如在有机/无机杂化太阳能电池中,采用纳米线结构的异质结,可提高电池的光电转换效率。纳米图案化技术为异质结界面的调控提供了丰富的手段。

在染料敏化太阳能电池中,采用纳米颗粒结构的 TiO_2 薄膜可以增加染料的吸附量和光吸收面积,提高电池的光电转换效率。在有机光电探测器中,通过在界面处制作纳米孔结构,可以增强光的耦合和传播,提高光信号的检测灵敏度。纳米图案化还可以用于制备具有特殊光学和电学性能的异质结器件,如在石墨烯/纳米线异质结中,通过控制纳米线的尺寸和排列方式,可以实现对界面处的电磁场分布和载流子传输的调控,从而改善器件的性能。

(2)量子点修饰

量子点具有独特的量子限域效应和可调的光学、电学性能,因此在异质结界面修饰中具有广阔的应用前景。例如在量子点/有机材料异质结中,通过调控量子点的尺寸和表面配体,实现对异质结界面处电荷传输和发光性能的调控。量子点修饰可以调节界面处的能级结构和载流子复合动力学,提高器件的性能。

在量子点太阳能电池中,通过在量子点层与电极界面处修饰量子点,可以调节界面处的能级结构,提高电荷收集效率,实现高效的能量转换。在量子点发光二极管中,利用量子点的尺寸和组成可调性,可以精确地控制发光波长和颜色纯度,同时通过优化量子点与有机材料之间的界面相互作用,提高器件的发光效率和稳定性。此外,量子点修饰还可以应用于光电探测器、传感器等领域,为实现高性能的光电器件提供了新的思路和方法。

6.2.2 太阳能电池界面调控

太阳能电池界面调控是提升太阳能电池性能和稳定性的关键技术之一,以下是一些常见的太阳能电池界面调控方法:

1. 硅太阳能电池界面调控

氧化镁介质层引入:在石墨烯/硅太阳能电池中,于铝电极和硅基底之间插入氧化镁(MgO)介质层,能改善 Si/Al 界面的欧姆接触,降低 Al/Si 间的肖特基势垒,促进电子收集并抑制空穴引起的载流子复合。当 MgO 厚度为 1 nm 时,太阳能电池性能最佳,光电转换效率从 2.90% 提升至 5.53%(无掺杂),经硝酸化学掺杂后,效率从 7.57% 提升至 8.62%。

界面等离子体调控:石墨烯/硅界面等离子体的引入会影响载流子传输及电池性能。通过改变金属后电极化学组成和沉积时间等因素调控界面等离子体,可使硅纳米线/铜铝电极太阳能电池效率提高近 15%,最佳效率可达到 17.5%,且该方法操作简便、成本低,对提高以不同硅材料为基底的太阳能电池效率具有重要意义。

2. 有机太阳能电池界面调控

双功能界面工程策略:四川大学提出一种乙醇/邻二氟苯(EtOH/o-DFB)双溶剂体系加工磷钨酸(HPWO)的策略。o-DFB 在成膜过程中可调控 HPWO 结晶,抑制其过度聚集,同时在紫外臭氧辅助下实现 ITO 电极的原位氟化,使 HPWO 空穴传输层与 ITO 阳极界面处的能级匹配更合理,减少了界面缺陷态,降低了电荷复合,从而提高了有机太阳能电池效率。

界面修饰层引入:在有机太阳能电池活性层与电极之间引入特定的界面修饰层,如在基于 PTB7-Th:PC71BM 体系的有机太阳能电池中,在铝阴极和活性层之间沉积一层氟化镁(MgF_2)作为电子注入层,可降低铝电极功函数,改善电子注入,并起界面偶极作用,选择合适厚度和折射率的 MgF_2 薄膜可使有机太阳能电池光吸收增强,实现光子回收,提高电池效率。

3. 钙钛矿太阳能电池界面调控

有机小分子钝化剂应用:刘博教授课题组对称引入氰甲基膦酸基团,开发出一种新型有机小分子钝化剂,实现钙钛矿太阳能电池埋底界面双重缺陷钝化,优化了埋底界面能级匹配性,并作为分子桥释放了埋底界面残余应力,为钙钛矿太阳能电池界面工程提供了新的解决方案。

手性分子钝化策略:赵晋津教授课题组联合武明星教授课题组提出利用手性分子 R-、S-甲基苄基氯化铵盐(MBACl)钝化钙钛矿界面缺陷,揭示了手性分子调控钙钛矿缺陷的作用,为开发高效手性钝化剂及优化钙钛矿太阳能电池性能提供了新思路。

多功能界面材料设计:陕西师范大学刘治科、何学侠和太原理工大学郭鹍鹏团队合成高极性界面材料 2-氰基-N,N,N-三甲基溴化铵(CNCB),用于调控 PSCs 中 SnO_2与钙钛矿之间的掩埋界面。CNCB 与钙钛矿前驱体相互作用调控结晶动力学,生成具有择优取向和减少缺陷的钙钛矿薄膜,同时与 SnO_2和钙钛矿表面发生化学相互作用钝化缺陷,其高偶极矩还能诱导有益的界面极化,优化能级排列并抑制非辐射复合,使 $FACsPbI_3$ PSCs 实现了 26.47% 的冠军功率转换效率。

双面钝化策略:北京航空航天大学罗德映、暨南大学谢伟广和 Ke Chen 提出一种创新的共吸附策略,将磷酚酸分子(Me-4PACz)与膦氟苯酚(PLF)按 1:3 比例混合,同时钝化 NiO 基底表面和钙钛矿埋底界面。PLF 的磷酸基团与 NiO 表面的 $NiOO^-$形成共价键,补偿 Me-4PACz 的未锚定位点,增强 SAMs 的均匀性和润湿性,其氨基还可钝化钙钛矿中的 FA^+空位缺陷,减少非辐射复合,并调节 NiO 的功函数,促进空穴提取,优化电荷分离。

多功能分子桥接:广西大学黄浩等在自组装单层和宽带隙钙钛矿层之间插入多功能(Z)-4-氟-N'-羟基苯并咪唑酰胺(4F-HBM)分子,其 F 原子与自组装单层形成氢键,与钙钛矿中的 Pb^{2+}相互作用,降低了界面处的缺陷态密度和深埋界面处的非辐射电荷复合损失,提高了宽带隙钙钛矿太阳能电池的功率转换效率和填充因子,且器件稳定性也得到提升。

6.2.3 二维材料范德华界面调控

二维材料因其原子级厚度和独特的物理特性,已成为材料科学与凝聚态物理的前沿研究领域。自 2004 年石墨烯通过机械剥离实现单层分离以来,二维材料家族迅速扩展,包括过渡金属二硫族化合物(如 MoS_2、WS_2)、六方氮化硼(h-BN)、黑磷(BP)、MXene 以及新型二维共价有机框架(COFs)等。这些材料的共同特征是范德华界面,即通过弱分子间作用力而非强化学键连接的层间或异质接触区域。这种界面不仅维持了材料的本征属性,还深刻影响其电子结构、载流子输运、光学响应和热学性质。我们从物理本质出发,系统剖析范德华界面的科学特性、微观机理及其在基础研究与技术应用中的深层意义。

范德华界面是由范德华力主导的二维材料层间或与异质材料间的接触区域。范德华力源于瞬时偶极矩的色散相互作用,其强度为 10~100 meV/原子,远低于共价键(1~10 eV/原子)或离子键(5~10 eV/原子)。这种弱作用赋予二维材料显著的各向异性：在平面内，原子通过强共价键形成稳定的二维晶格；在垂直方向，层间仅通过范德华力松散耦合，层间距通常为3～7 Å，例如石墨的层间距为3.35 Å，MoS_2约为6.15 Å。这种结构特性不仅使机械剥离成为可能，还为堆垛设计、扭转调控和异质集成提供了广阔空间。

范德华界面可分为两类：

(1)同质界面：如多层石墨烯、MoS_2或黑磷中的层间接触，层间作用完全由范德华力决定。

(2)异质界面：如石墨烯与MoS_2、h-BN与WS_2之间的接触，其性质受不同材料的电子结构、功函数差异和范德华耦合共同影响。相较于三维材料中的强化学键合，范德华界面的弱相互作用使其在层间滑移、界面重构和功能化设计中展现出独特优势，成为二维材料研究的焦点。

范德华界面的核心科学特性体现如下：

(1)弱耦合与层间独立性

范德华力的低强度导致层间电子态的杂化效应微弱，各层电子结构在很大程度上保持独立。以多层石墨烯为例，在Bernal堆垛(AB堆垛)下，层间仅出现轻微的能带劈裂，能隙为几十meV；而在无序堆垛中，电子态几乎等同于单层石墨烯。这种弱耦合特性使其成为研究低维量子现象的理想平台，例如量子霍尔效应、激子物理和电子关联效应。此外，层间范德华相互作用的超低摩擦(摩擦系数低至1×10^{-4})源于分子间滑移的低势垒，为超滑纳米机械系统(如纳米轴承)提供了理论支持。

(2)原子级平整性与载流子输运

范德华界面因无悬挂键或化学键断裂，具备原子级平整性(粗糙度RMS<0.2 nm)，显著降低了界面处的载流子散射。以石墨烯为例，其在SiO_2衬底上的迁移率通常为$1\times10^4\ cm^2/(V\cdot s)$，而在h-BN衬底上可达$1\times10^5\ cm^2/(V\cdot s)$，原因在于h-BN的低缺陷密度和与石墨烯的晶格匹配性(失配约1.8%)。类似地，MoS_2在范德华异质结中的载流子输运效率也因界面洁净性而提升。这种特性在高性能场效应晶体管(FET)和光电器件中尤为重要。

(3)层间距离与堆垛依赖性

范德华界面的层间距离和堆垛构型对材料性质具有显著调控作用。以魔角双层石墨烯为例，当两层间的扭转角接近1.1°(即"魔角")时，能带结构发生扁平化(flat band)，有效质量趋近无穷大，电子关联效应增强，导致非常规超导性(临界温度约1.7 K)。这一现象源于长周期莫尔超晶格(周期约13 nm)与范德华耦合的协同效应。在过渡金属二硫族化合物中,MoS_2 的2H相(反向堆垛,间接带隙,约1.2 eV)和3R相(顺向堆垛,直接带隙,约1.8 eV)表现出显著的堆垛依赖性,影响其光学和电子性质。

(4)界面电荷转移与局域场效应

尽管范德华界面缺乏强化学键,异质结构中仍存在微弱的电荷转移。以石墨烯-MoS_2 异质结为例,石墨烯的功函数约为4.5 eV,MoS_2 约为5.2 eV,功函数差驱动界面电荷再分布,形成内置电场(1×10^5~1×10^6 V/m)。此电场可调制肖特基势垒高度或增强光生载流子分离效率。此外,在h-BN/石墨烯体系中,晶格失配诱发的莫尔超晶格引入周期性势场,导致局域能级的调制,进而诱导拓扑边界态或零能模式。

(5)热学与光学响应

范德华界面的弱耦合性也影响热传导和光学性质。例如,多层石墨烯的跨层热导率(约50 W/(m·K))远低于面内热导率(2×10^3~4×10^3 W/(m·K)),反映了层间热阻的存在。在光学方面,TMDs(如 MoS_2)的层间耦合增强了激子结合能(0.5~1 eV),使其在单层和多层状态下表现出不同的荧光特性。

范德华界面的微观机理如下：

(1)相互作用的理论描述

范德华界面的相互作用可用Lennard-Jones势近似,其吸引力随距离的6次方衰减,排斥力随12次方增强。以石墨烯为例,层间结合能约为50 meV/原子,平衡层间距由吸引-排斥平衡决定。更精确地,密度泛函理论(DFT)结合范德华修正(如vdW-DF)可模拟层间耦合对电子结构的影响。例如,计算表明魔角石墨烯的扁平带宽度仅为几meV,与实验观测一致。

(2)应力与莫尔效应

界面处的应力与应变效应是关键机理之一。在h-BN/石墨烯异质结中,晶格失配(约1.8%)形成周期性莫尔图案(周期约14 nm),局部应变调制电子态密度,导致费米面的重构。此外,扭转角度的变化可诱导能带结构的周期性调制,例如在双层 MoS_2 中,扭转角从0°变为30°时,能隙可从1.2 eV变化至1.5 eV。

(3)实验表征方法

范德华界面的微观性质需通过高分辨率技术表征。扫描隧道显微镜

(STM)可直接观测莫尔超晶格的原子级结构,拉曼光谱可检测层间耦合引起的声子模式移位(如石墨烯的 2D 峰从单层 2 700 cm^{-1} 移至多层 2 680 cm^{-1})。此外,同步辐射 X 射线散射可揭示界面应力和堆垛构型的动态演化。

范德华界面的弱耦合性和可调性为探索低维量子现象提供了平台。例如,魔角双层石墨烯中的超导性和 TMDs 中的强激子效应深化了电子关联物理的理解。此外,界面诱导的拓扑态(如石墨烯中的零能模式)为研究量子计算中的拓扑保护态提供了实验基础。

范德华界面的当前挑战包括:堆垛角度的亚度级精确调控、界面在电场和热场下的动态响应以及大尺度异质结构的稳定性。未来,结合原位表征(如透射电子显微镜 TEM)、多尺度模拟(如分子动力学与 DFT 结合)和机器学习辅助设计,范德华界面的微观机理将进一步明晰。这将推动二维材料在量子计算、高效催化(如析氢反应)和柔性电子中的突破。

范德华界面是二维材料区别于传统材料的核心特征,其弱相互作用、原子级平整性和强可调性揭示了低维体系的量子本质。从魔角超导的关联效应到拓扑态的局域调制,范德华界面的研究不仅重塑了凝聚态物理的理论框架,也为下一代技术革新奠定了基础。随着实验与理论手段的进步,范德华界面的深层潜力将持续释放,引领材料科学迈向新的高度。

第 7 章　载流子动力学

7.1　载流子动力学过程

载流子动力学主要是研究在光、电等激励条件下，载流子（电子和空穴）在物质（如半导体材料）中的产生、迁移、复合等过程随时间变化的规律。它对于理解光电器件（如太阳能电池、发光二极管、晶体管等）的工作原理和性能提升等方面具有至关重要的作用。

7.1.1　载流子的产生机制

1. 光激发

光激发是半导体材料中载流子产生的重要方式之一。当光照射到半导体材料时，光子能量被吸收。如果光子能量大于半导体材料的带隙，就会激发价带中的电子跃迁到导带，从而产生电子–空穴对。这一过程在太阳能电池等光电器件中至关重要，因为它是将光能转化为电能的基础。例如，在硅太阳能电池中，太阳光中的光子被硅吸收，硅的带隙约为 1.1 eV。当光子能量高于这个值时，电子从价带跃迁到导带，形成载流子。这个过程类似于一个能量的“接力”，光子将能量传递给电子，使电子摆脱原子的束缚成为自由载流子。不同半导体材料的带隙不同，因此对光的吸收范围也不同。例如，硫化镉（CdS）的带隙约为 2.4 eV，主要用于紫外光的吸收；而砷化镓（GaAs）的带隙约为 1.43 eV，对可见光有较好的吸收性能。通过选择合适的半导体材料，可以优化光电器件对特定波长光的吸收效率。

2. 电激发

电激发是另一种在半导体器件中产生载流子的重要方式。在半导体器件中施加电场可以产生载流子。例如在半导体激光器中，通过电注入的方式，少数载流子被注入有源区,在一定的条件下实现粒子数反转并产生光发射。这就好比是通过电场的“牵引”力,将载流子从一个区域“搬运”到另一个区域。在电激发过程中,载流子的产生主要依赖于电场驱动下的电子-空穴对的形成。电注入过程中,电子从阴极注入半导体材料的导带,而空穴从阳极注入价带。在有源区,电子和空穴相遇并复合,释放出光子。这种电激发产生的载流子在发光二极管(LED)、激光二极管等光电器件中发挥着关键作用,为实现高效的电光转换提供了基础。

7.1.2　载流子的迁移过程

1. 漂移运动

漂移运动是载流子在电场作用下的定向运动。载流子的漂移速度与电场强度和载流子的迁移率有关。迁移率是反映载流子在电场中运动能力的一个重要参数,它与材料的质量、杂质含量等因素密切相关。例如,在高纯度的半导体材料中,载流子迁移率较高,漂移运动更容易进行。在实际的光电器件中,漂移运动对于载流子的收集和传输至关重要。以太阳能电池为例,光生载流子在内建电场的作用下发生漂移运动,电子向阴极漂移,空穴向阳极漂移,从而在外部电路中产生电流。漂移运动的速度和效率直接影响太阳能电池的光电转换效率。为了提高漂移运动的效率,可以通过优化材料的纯度、减少杂质和缺陷等方式来提高载流子的迁移率。

2. 扩散运动

扩散运动是由于载流子浓度的不均匀而产生的从高浓度区域向低浓度区域的扩散运动。这种运动类似于墨水在水中的扩散过程,载流子也会因为浓度梯度的存在而发生扩散。在半导体器件中,扩散运动对于维持内部的电荷平衡和实现器件功能至关重要。例如,在双极性晶体管中,发射区产生的大量载流子通过扩散运动进入基区,并最终被集电区收集。扩散运动的速度和距离与载流子的浓度梯度和材料的扩散系数有关。扩散系数反映了载流子在材料中扩散的难易程度,与材料的性质、温度等因素有关。在光电器件中,扩散运动可以将载流子从产生区域输运到收集区域,但过长的扩散距离可能导致载流子复合损失,因此需要在器件设计中合理控制扩散距离和浓度梯度,以提高载流子的收集效率。

7.1.3 载流子的复合过程

1. 直接复合

直接复合是指电子和空穴直接复合,释放出一个光子的过程。这种复合方式在发光二极管和半导体激光器等发光器件中是希望发生的,因为可以将电能直接转换为光能。例如,在氮化镓(GaN)基蓝光发光二极管中,电子和空穴复合发出蓝光,其发光效率与直接复合过程的效率密切相关。直接复合过程通常具有较高的发光效率,因为它直接将载流子的动能转化为光子能量。为了提高直接复合的效率,可以通过优化材料的能带结构、减少非辐射复合中心等方式来增强载流子的直接复合概率。此外,在量子阱结构等低维半导体材料中,由于载流子的量子限域效应,可以直接增强载流子的直接复合效率,从而提高发光器件的性能。

2. 间接复合

间接复合是指载流子通过中间态(如杂质能级或缺陷能级)进行复合的过程。这些中间态就像是载流子复合过程中的“跳板”,载流子先被俘获到中间态,然后再与另一种载流子复合。在半导体材料中,杂质和缺陷的存在会增加间接复合的概率,这通常会导致非辐射复合增加,降低光电器件的效率。非辐射复合过程中,载流子的能量以热能等形式耗散,而不产生光子。例如,在晶体硅太阳能电池中,硅材料中的氧、碳等杂质以及晶体缺陷会导致载流子的间接复合增加,降低电池的光电转换效率。为了减少间接复合,可以通过材料提纯、缺陷修复、表面钝化等手段来降低杂质和缺陷的密度,从而提高载流子的复合效率和光电器件的性能。

7.2 载流子动力学调控

7.2.1 堆叠顺序

改变异质结构的堆叠顺序是一种有效的载流子动力学调控方法。在异质结构中,不同材料的堆叠顺序会影响载流子的转移路径、能级匹配和电场分布等,从而改变载流子的动力学行为。例如,在 WS_2与 MoS_2异质结中,不同堆叠顺序下,载流子的转移路径和弛豫时间存在显著差异。当 WS_2 和 MoS_2 的堆叠顺序不同时,光生载流子在异质结界面处的分离和传输效率会发生变化。通过优化堆叠顺序,可以使载流子更容易在异质结界面处发生分离和传输,减少复合损失,提高光电器件的性能。此外,堆叠顺序的改变还可能影响异质结构的光学和电学性质,如吸收光谱、光电流响应等,为调控光电器件的性能提供了更多可能性。

7.2.2　引入中间层

插入缓冲层或势垒层可以优化界面电场和能垒,改善载流子注入和传输。在有机发光二极管中,插入一层氧化物势垒层可提高器件的发光效率和稳定性。缓冲层或势垒层的引入可以在界面处形成合适的能级匹配和电场分布,促进载流子的注入和传输,同时减少载流子的复合损失。例如,在钙钛矿太阳能电池中,插入一层有机小分子缓冲层可以调节界面处的能带弯曲,降低界面态密度,提高载流子的注入效率和传输效率。此外,中间层还可以起到保护界面、减少外界环境对界面的影响等作用,进一步提高光电器件的稳定性。

7.2.3　光场调控

通过改变激发光的波长和强度,可以调控载流子的产生和复合过程。在 MoS_2/WS_2异质结构中,不同波长的激发光可以实现不同的载流子动力学过程。激发光的波长决定了光子的能量,从而影响载流子在材料中的产生位置和类型。例如,使用短波长激发光可以激发高能量的载流子,这些载流子在材料中的传输和复合行为可能与低能量载流子不同。同时,激发光的强度也会影响载流子的产生数量和密度,进而影响载流子的复合概率和传输效率。通过合理选择激发光的波长和强度,可以优化载流子的动力学过程,提高光电器件的性能。此外,还可以利用光场的空间分布和偏振特性等来进一步调控载流子的动力学行为。

7.2.4　材料设计与优化

选择合适的材料组合,控制材料的结晶度和纯度,是改善载流子动力学的关键。在 $CsPbBr_3/Agi\text{-}TiO_2$双 S 型异质结中,间隙 Ag 掺杂诱导中间能级的形成,促进了光生载流子的快速分离与迁移。材料的设计与优化可以从多个方面入手,包括带隙工程、缺陷工程、掺杂工程等。通过调整材料的带隙结构,可以使材料更好地吸收特定波长的光,提高载流子的产生效率。缺陷工程可以减少材料中的非辐射复合中心,提高载流子的迁移率和寿命。掺杂工程可以改变材料的电学性质,优化载流子的注入和传输。此外,控制材料的结晶度和纯度可以减少晶体缺陷和杂质,提高材料的电学和光学性能,从而改善载流子动力学。

7.3 载流子动力学的研究方法

7.3.1 瞬态吸收光谱(TAS)

瞬态吸收光谱(TAS)是一种研究载流子动力学过程的强大工具。通过飞秒激光脉冲激发材料后,实时监测导带电子与价带空穴的弛豫过程,可以精确测定电荷复合寿命等关键参数。例如,在 $CoTiO_3/TiO_2$异质结中,TAS 显示异质结材料的电荷复合时间从纯 TiO_2的 3.2 ns 延长至 15.8 ns,表明异质结有效抑制了电荷复合。TAS 技术利用超短脉冲激光激发材料,产生瞬态的载流子非平衡态,然后通过探测光束监测材料在不同时间延迟下的吸收变化。这种技术可以捕捉载流子在飞秒(femtosecond)到纳秒(nanosecond)时间尺度上的动态行为,为理解载流子的动力学过程提供了详细的信息。TAS 可以研究载流子的产生、弛豫、复合等过程,以及这些过程在不同材料和异质结构中的差异和特点。

7.3.2 光致发光(PL)光谱

光致发光(PL)光谱是通过光生载流子辐射复合产生的荧光强度来研究载流子动力学的常用方法。PL 强度与电荷分离效率呈负相关,直接反映了载流子的复合速率。例如,$CsPbBr_3$/Agi-TiO_2双 S 型异质结的 PL 表征显示,异质结的本征发光与 Agi-IL 俘获态发光被显著抑制,表明双 S 型机制促进了光生载流子的快速分离与迁移。PL 光谱可以提供材料的带隙、激子结合能、载流子复合概率等重要信息。通过分析 PL 光谱的强度、波长位置、线宽等特征,可以了解载流子在材料中的动力学行为,以及材料的光学质量和缺陷状态。PL 光谱技术简单易行,适用于多种半导体材料和光电器件的研究。

7.3.3 时间分辨太赫兹光谱(OPTP)

时间分辨太赫兹光谱(OPTP)是一种研究半导体材料载流子动力学过程的新兴技术。它利用太赫兹波与载流子的相互作用,可以探测载流子的密度、迁移率、弛豫时间等参数。在分析物质的动力学过程时,可以结合多物理场的多种光谱集成技术,如光场、电场、磁场和温度场等。例如,通过在不同温度下进行 OPTP 测量,可以研究载流子动力学过程的温度依赖性。OPTP 技术可以在较长时间尺度上(皮秒(picosecond)到 nanosecond)监测载流子的动态行为,与其他超快光谱技术(如 TAS)形成互补。结合多种物理场的调控,可以更全面地理解载流子动力学过程的内在机制,为光电器件的设计和优化提供更深入的理论支持。

7.4 二维材料载流子动力学过程

7.4.1 时域动力学过程

在时域动力学方面,实验表明,在大多数已研究的二维半导体中,载流子的热化、能量弛豫以及激子形成过程均显著快于传统的三维体材料。同时超快的载流子能量弛豫过程这一结果揭示了载流子与声子的相互作用在二维材料中也得到了增强。这一现象可被归结为介电屏蔽效应减弱所造成的库伦相互作用的增强。更为突出的是,在二维半导体中激子-激子湮灭效应明显。如通过测量单层二硒化钼瞬态吸收信号的衰减随注入激子密度的变化关系,观测到激子-激子湮灭过程并测定其湮没系数为 0.33 cm^2/s 左右。激子动力学的最后一个过程为激子复合,瞬态吸收信号的衰减(即激子浓度的降低)一般取决于激子的无辐射复合寿命。由于这一过程决定了激子的寿命,它对二维材料的光电性能有重要的影响。例如,在光探测和光伏器件中,激子的寿命直接决定了器件的探测能力和光电转换效率。因此,优化和调控激子复合过程具有重要的意义。

7.4.2 空域动力学过程

在空域动力学方面,利用瞬态吸收显微技术,通过激光光斑的空间扫描,可用于测量载流子在二维材料中的扩散系数。在这类实验中,利用聚焦的泵浦光斑,可以将载流子注入样品的特定位置。图 7.1(a)为通过沿黑磷晶体的扶手椅方向扫描探测光斑并扫描其时间延迟,获得了时空分辨的微分反射率信号。图 7.1(b)为在不同时刻,载流子分布均为高斯函数。图 7.1(c)为通过高斯拟合,得到载流子分布全宽度随时间的变化关系。通过线性拟合,得到了载流子沿扶手椅方向的扩散系数为 1 300 cm²/s 左右。类似技术已被用于测量其他二维半导体材料中载流子的扩散系数,包括二硫化钼、二硫化钨、二硒化钼、二硒化钨、二碲化钼、硒氧化铋、二硒化铂、硫化铜、硫砷锑等。

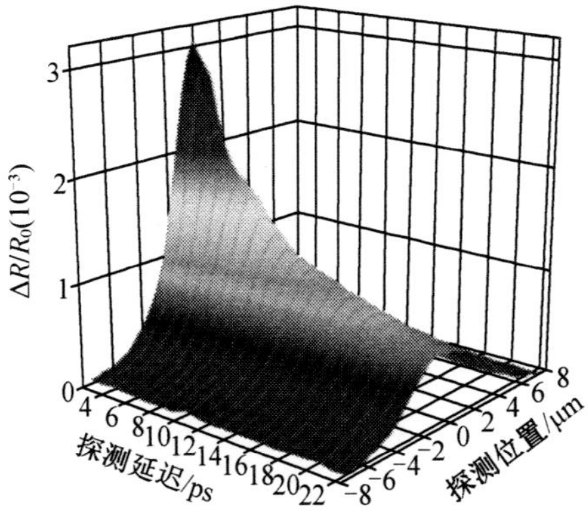

(a) 时空分辨的微分反射率

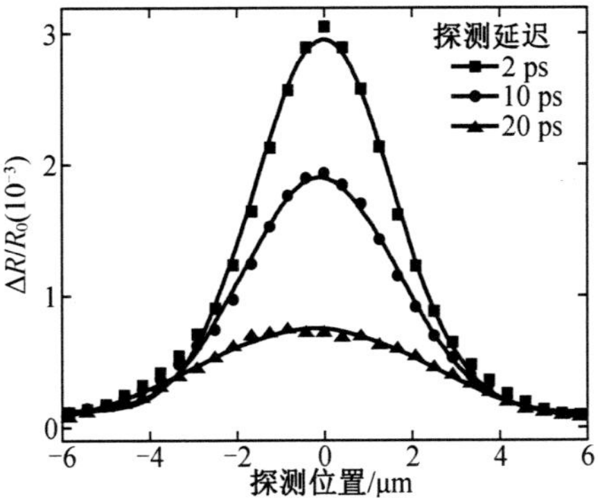

(b) 载流子浓度在 2,10,20 ps 时的空间分布

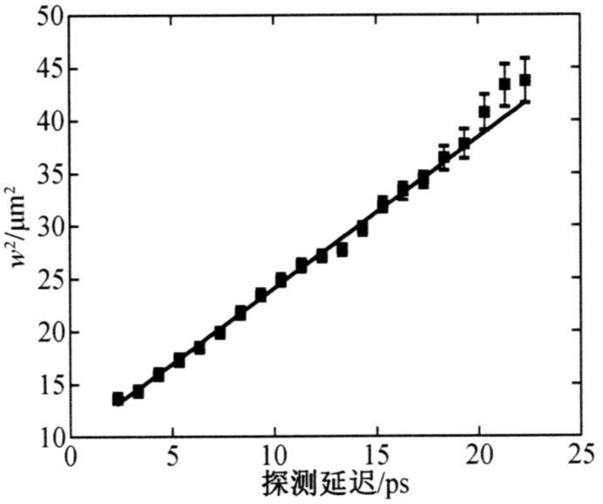

(c) 载流子分布宽度的平方随时间的变化

图 7.1　黑磷中载流子沿扶手椅方向的扩散

7.4.3　层间电荷及能量转移

由于范德华层间相互作用的特点，任意不同的二维材料均可通过简单堆叠而形成异质结构，从而获得大量的新人工材料。在这类范德华异质结构中，电子在层间的转移对于不同层功能的整合至关重要。当两种二维材料形成异质结构时，依据两种材料的离化能（价带顶离真空能级的距离）和电子亲和能（导带底离真空能级的距离），主要会形成Ⅰ型和Ⅱ型的能带排布。这两类异质结构呈现显著不同的光电性质。在Ⅱ型异质结构中，导带底和价带顶分居两层。因此，电子和空穴倾向通过层间电荷转移过程，分离到两层中。当光激发的材料的导带底高于另一材料时，激发的电子由于能带偏移的驱动，可转移到另一材料，如图 7.2（a）所示。而激发的空穴则留在光激发层，从而实现电子和空穴的分离。而当光激发材料的价带顶低于另一层时，激发的空穴会转移到另一层从而与电子分离，如图 7.2（b）所示。利用瞬态吸收的共振特点，这项技术也可探测范德华异质结构中各层的载流子分布，从而研究电子在这类材料中的层间输运过程。超快的电荷和能量转移过程，为制备多层范德华异质结构奠定了基础。

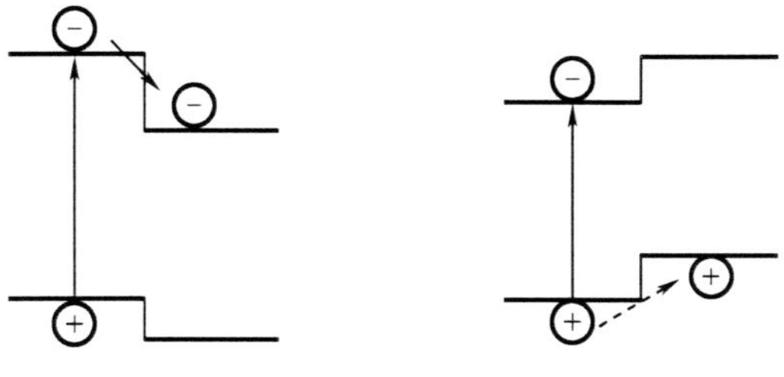

(a) 电子转移　　(b) 空穴转移

图 7.2　二型异质结构中的电荷转移

第 8 章　石墨烯薄膜的制备及其对 SIS 结构太阳能电池光电性能的影响

8.1　引　　言

石墨烯作为一种具有特殊结构的单原子层碳材料，是现代材料科学的一项重大突破。它优异的光电性质已广为人知，尤其是作为功能器件中的电荷传输材料。石墨烯以及石墨烯相关材料在很多领域都展示了巨大的应用前景，例如，光电探测器、石墨烯晶体管、电化学传感器、能量产出及存储，以及其在生物传感器上面的应用。化学气相沉积法制备的石墨烯材料在光电子应用中更是展现出了无限潜力。台湾大学的 Shih-Hao Cheng 等也在 2013 年发表了一篇基于石墨烯和石墨量子点的光电响应灵敏度超高的全碳光电探测器。2010 年和 2013 年，清华大学朱宏伟老师的团队分别在 Advanced Materials 和 Advanced Energy Materials 杂志上证明了石墨烯薄膜可以与硅材料形成肖特基结并展示出了一定的光伏特性，他们制备出了转化效率大约为 1.5% 的碳硅异质结电池。然而，这些以前发表的文章大多数都存在一定的局限性，还有许多值得研究和发展的地方。大多数的石墨烯/硅异质结都是肖特基结，其势垒高度要远低于晶硅 pn 结的势垒高度。尽管石墨烯的功函数可以通过掺杂等方式进行调整，但其异质结的有效势垒高度依然比较低。这大大限制了电子-空穴对的有效传输与收集，进而会导致较为严重的漏电现象，降低了短路电流及转化效率。而且，在晶硅电池中，薄膜与硅衬底之间通常会由于晶格失配等原因产生界面态以及费米能级钉扎的现象，这也会对电子-空穴对的传输造成势垒。所有这些限制因素都会导致严重的复合现象进而导致开路电压的降低。为了改善太阳能电池的性能，这个领域的大多数科研工作者都把目光聚焦到探索新的材料或者优化石墨烯的制备工艺。然而，新材料的探索与应用并非易事，不是一朝一夕能实现的，所以，我们希望能对已有的应用潜力巨大的石墨烯薄膜加以利用和改性，将其很好地与 SIS 结构光伏电池结合起来发挥更大的优势。

本章，我们将尝试着改变碳硅异质结器件的结构，通过结合 SIS 结构太阳能电池和碳硅异质结电池各自的优势，将 CVD 方法制备的石墨烯薄膜插入制备工艺简单、成本较低的 SIS（TCO/SiO_x/Si）结构光伏电池中，以期对太阳能电池的性能进行改善。同时，通过对比 3 种不同结构的太阳能电池的光电性能，重点研究分析了插入的石墨烯薄膜对整个器件的性能改善作用以及它对载流子传输的影响。

8.2　实验方法

8.2.1　石墨烯薄膜的制备

石墨烯薄膜的制备是利用化学气相沉积的方法，使用甲烷和氢气作为前驱体在 1 000 ℃条件下制备的。本实验选择了 Alfa 公司购买的 25 μm 厚的铜箔作为衬底，首先将铜箔置于丙酮、酒精和去离子水中分别进行超声清洗，并重复此步骤 3 次，随后，将洗好的铜箔进行电化学抛光处理并用等离子水多次清洗再烘干待用。接着，将处理干净的铜箔置于真空管式炉腔体内，通入 50 sccm 的氢气并逐渐升温至 1 000 ℃，持续 60 min。同时，导入 1 sccm 的碳源气体（甲烷），持续 10 min。随后，关闭甲烷气源，停止加热，并持续 60 min 通入 100 sccm 的氩气来使衬底温度降至 300 ℃。这样，生长于铜箔衬底表面的石墨烯薄膜就制备好了。

8.2.2　石墨烯薄膜的转移

基于石墨烯薄膜在光电器件上的应用，需要将其集成于硅片或其他材料上，因此需要将所获得的石墨烯薄膜从金属衬底上转移到绝缘衬底或者半导体衬底上，以进行进一步的器件集成与性能研究，其详细的转移步骤如图 8.1 所示。首先，将生长好石墨烯薄膜的铜箔剪成 $1\times1\ cm^2$ 的小方块，将聚甲基丙烯酸甲酯（PMMA）溶液溶解于浓度为 30 mg/ml 的苯甲醚溶液中。随后，以 6 000 r/min 的转速将上诉混合溶液旋涂在制备好石墨烯薄膜的铜箔上，旋涂时间为 50 s,得到厚度大约为 200 nm 的薄膜。将旋涂好的样品放在烤箱里以 150 ℃温度烘烤 10 min。接着,将样品浸泡于 0.5 mol/L 的氯化铁溶液中以刻蚀掉铜箔。然后,将覆盖了一层 PMMA 材料的石墨烯薄膜用去离子水清洗 3 次。之后,用事先清洗好的目标衬底(如硅片、玻璃等)去捞取附着了 PMMA 的石墨烯薄膜,并将样品置于烤箱用 150 ℃烘烤 10 min。最后,将 PMMA/石墨烯/硅结构的样品置于丙酮溶液中浸泡 6 h 以上以溶解去除掉 PMMA 溶剂,再用去离子水清洗去除残留。这样,石墨烯薄膜就可以很方便地转移到任意衬底上了。

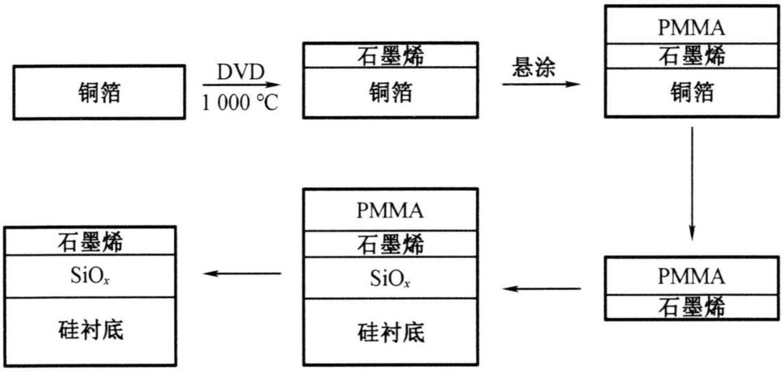

图 8.1　石墨烯薄膜的 PMMA 转移法详细流程图

8.2.3　器件的制备

为了对比研究石墨烯层在 SIS 结构光伏器件中的作用,我们制备了 3 种不同结构的太阳能电池:

(1)无石墨烯层;

(2)石墨烯在 ITO 薄膜上面;

(3)石墨烯在 ITO 薄膜下面。

其具体结构如图 8.2(a)~(c)所示。在器件的制备中我们选用了太阳能级单晶硅(掺杂浓度为 1.5~3×10^{16} cm^{-3})作为衬底。对第一种结构器件的制备,我们只需采用磁控溅射的方法,在清洗好的硅衬底上直接沉积一层约 80 nm 的 ITO 薄膜。而对于第二种结构器件的制备,我们是在第一种器件结构的基础上往其上部转移一层单层石墨烯薄膜。对于第三种结构,则是在硅衬底上先转移一层石墨烯薄膜之后再溅射一层 80 nm 的 ITO 薄膜。最后,将以上 3 种结构器件统一用真空蒸发的方法在硅衬底的另外一面直接蒸镀一层厚度约 200 nm 的铝电极作为背电极，以形成欧姆接触。其正面则先后分别沉积 100 nm 的银和 1 μm 的铝作为前电极。制备好的异质结电池实物图如图 8.2(d)所示。

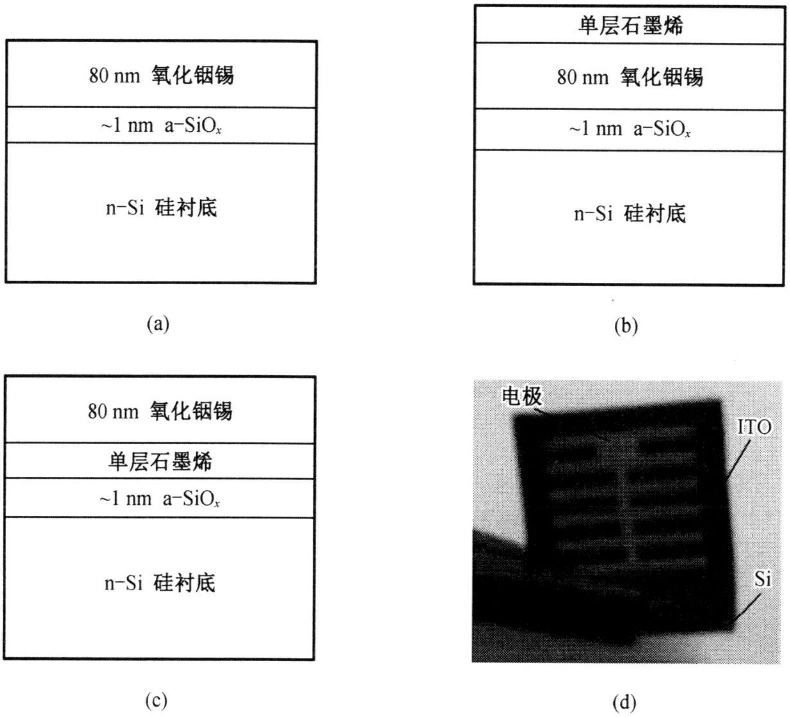

图 8.2　3 种不同异质结器件的结构对比图

8.3　石墨烯薄膜的结构分析

拉曼光谱被广泛应用于表征碳材料的结构及成键形态，图 8.3 给出了本实验所制备的石墨烯薄膜转移到 SiO_2/Si 衬底上之后的典型拉曼光谱图。从图中可以看到该薄膜有 3 个主要的特征峰："D 峰""G 峰"以及"2D 峰"。位于 1 350 cm^{-1} 左右的 D 峰是样品中的缺陷或者石墨烯边缘的无序态诱导的缺陷峰。此图中，微小的近乎为零的 D 峰说明了本实验所制备的石墨烯薄膜质量很高，缺陷很少。靠近 1 590 cm^{-1}的 G 峰来源于 sp^2态碳原子环的伸缩呼吸峰。图中位于 2 650 cm^{-1} 左右的"2D 峰"被认为是与位于布里渊区的双声子模式有关,也是石墨烯中 sp^2碳原子六元环的特征表现。石墨烯薄膜的层数可以通过分峰拟合 2D 峰与 G 峰的强度比(I_G/I_{2D})计算得出,而 D 峰、G 峰的半高宽受石墨烯的晶体尺寸及缺陷的影响。由图中的拉曼峰可知 2D 峰的半高宽大约为 30 cm^{-1},而 I_G/I_{2D} 大约为 0.35,说明了本实验所制备的石墨烯薄膜为单层石墨烯。本实验所制备得到的最大单层石墨烯薄膜为 9 cm^2,其实物图如图 8.3 中的插图所示。

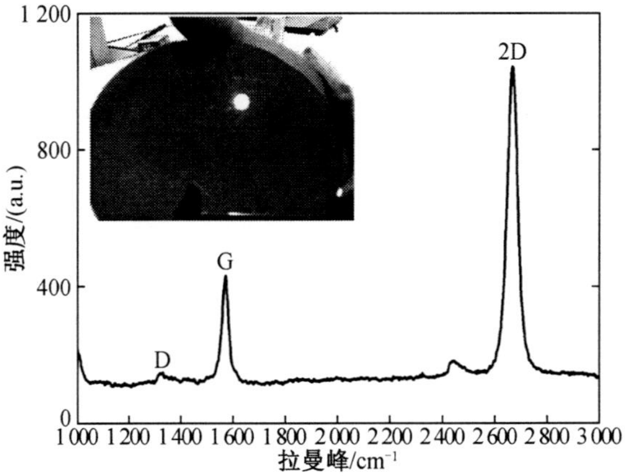

图 8.3　本实验所制备的单层石墨烯薄膜的拉曼光谱图(插图为单层石墨烯薄膜转移到硅片上的实物图)

8.4　石墨烯薄膜的光电性能表征

为了进一步探究石墨烯薄膜的光学性质,我们通过堆叠的形式得到不同层数的石墨烯薄膜并将之转移到相同的玻璃衬底上以测量他们的光学透过率。从图 8.4 中可以看到本实验所获得的石墨烯薄膜在可见光光波范围内有很高的光学透过率。在紫外光谱范围内(350~460 nm),石墨烯薄膜的透过率有一个明显的增大过程,尤其对于 3 层石墨烯薄膜,这种变化趋势更明显,其透过率从 62% 迅速增加到 90%。这表明,紫外波段的光更容易被石墨烯所吸收。总的来说,对于 460~800 nm 波段的光,石墨烯都展示出了优异的光学透过率,接近 98%,这一点使得石墨烯薄膜非常适合作为电极或功能层材料,增加对入射光的利用,减少光学损失。理所当然,随着层数的增加,石墨烯薄膜的透过率相应降低,从 92% 到 98%,这一点实验结果也与理论一致。

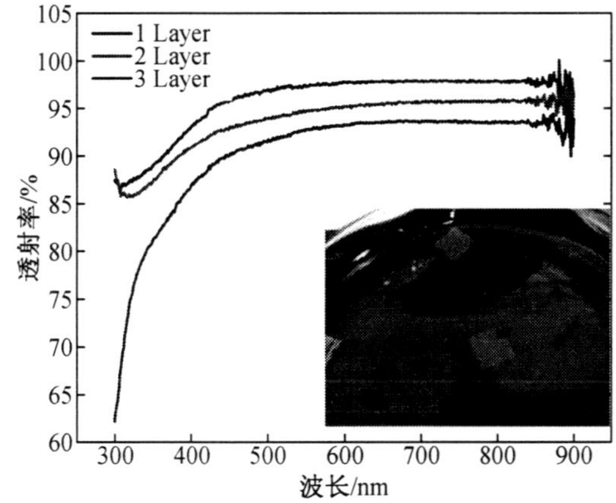

图 8.4　不同层数石墨烯薄膜的透过率对比图(插图为旋涂了一层 PMMA 的石墨烯薄膜漂浮于水中的实物图)

为了分析石墨烯薄膜的电学性质,在 300 K 的温度下,我们用霍尔测量系统对所获得的石墨烯薄膜的导电类型、电阻率、迁移率以及杂质浓度等进行了测量,其具体的性质参数见表 8.1。从表中我们可以发现本实验所获得的单层石墨烯薄膜表现出了 p 型半导体特性,并具有较低的电阻率($1.48\times10^{-5}\ \Omega\cdot cm$)以及较高的迁移率($675.1\ cm^2/(V\cdot s)$)。这表明单层石墨烯可以作为很有前景的电子材料,很好地被应用于光电器件。

表 8.1　石墨烯薄膜的各项电学参数

样品	厚度 /nm	导电类型	体浓度 /cm^{-3}	迁移率 /($cm^2/(V\cdot s)$)	电阻率 /($\Omega\cdot cm$)
单层石墨烯	0.2	p	6.25×10^{20}	675.1	1.48×10^{-5}

8.5 碳硅异质结器件结构对太阳能电池光电性能的影响

为了研究石墨烯薄膜对碳硅异质结太阳能电池的电流-电压性质的影响及其作用机理,本章分别对 3 种不同结构太阳能电池(具体结构参见实验部分)的光伏特性进行了对比研究,其 *I-V* 特性测试结果如图 8.5 所示,具体的光伏特性参数见表 8.2。从图中我们可以看到 3 种结构的太阳能电池在没有光照的时候都显示出了很好的整流特性(反向饱和电流达到了 10^{-8} mA/cm^2),而在光照条件下,它们都表现出了很好的光伏特性(插图为光照下光伏特性的放大图)。显然,在这 3 种结构中,加入了石墨烯薄膜的太阳能电池的各项光伏特性参数均优于未添加石墨烯薄膜的太阳能电池。而这 3 种结构中,光电转换效率最高的是插入了石墨烯薄膜的具有 Al/Ag/ITO/G/SiO_x/Si/Al 结构的太阳能电池,它的开路电压(V_{oc})可达到 0.51 V,短路电流(J_{sc})为 33.85 mA/cm^2,填充因子(FF)和最终的光电转换效率(η)可相应地达到 43.61%和 7.54%。从表 8.2 我们可以看到,插入了石墨烯薄膜的异质结器件其开路电压、短路电流以及填充因子均比没有石墨烯薄膜的异质结器件要大,尤其是开路电压,有了大大的提高。

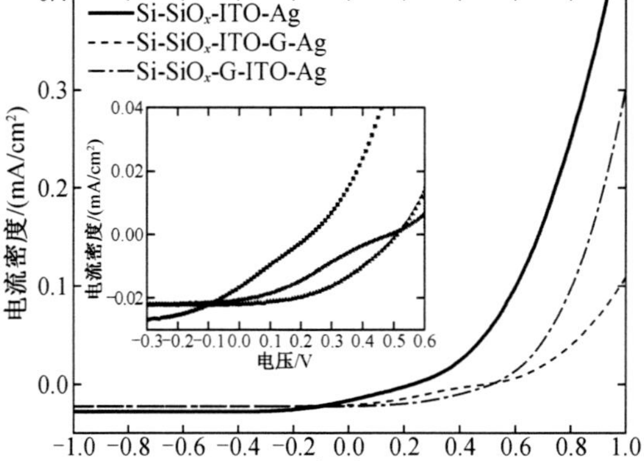

图 8.5 3 种不同结构太阳能电池在光照下的 *I-V* 曲线图

表 8.2　3 种不同结构太阳能电池的光伏特性参数

器件结构	V_{oc} /V	J_{sc} /(mA/cm²)	FF /%	E_{ff} /%
Al/Ag/ITO/SiO_x/Si/Al	0.23	25.75	25.88	1.53
Al/Ag/G/ITO/SiO_x/Si/Al	0.49	31.77	29.32	4.56
Al/Ag/ITO/G/SiO_x/Si/Al	0.51	33.85	43.61	7.54

为了进一步分析插入一层石墨烯薄膜后器件的光电性能得到明显改善的内在原因,我们对比了光照下有石墨烯薄膜层和没有石墨烯薄膜结构太阳能电池结构的能带结构图,如图 8.6 和图 8.7 所示。其中,E_F 为费米能级,硅的费米能级位于其导带底约 0.15 eV 的位置($E_C-E_F=0.15$ eV)。我们都知道,开路电压的大小是与接触电势差(V_D)密切相关的,而接触电势差的大小可以用公式:

$$V_D=\frac{1}{q}(E_{Fn}-E_{Fp})=\frac{1}{q}(W_{ITO}-W_{Si}) \tag{8.1}$$

计算而得。这里,硅的功函数为 4.31 eV, 它比我们所测得的 ITO 的功函数($W_{ITO}\sim4.9$ eV) 要小。理论上来讲,在 n 型硅和 ITO 的界面处很容易产生一个较大的内建电场($qV_0=W_{ITO}-W_{Si}=0.59$ eV),这个较大的内建电场可以有助于分离开光生载流子。然而,从图 8.6 中我们可以看到,硅衬底直接与 ITO 薄膜接触时,在二者的接触界面处会由于晶格失配而引入界面态(Q_{IS})。而这种界面态的存在将会引起界面的复合增加,在表面形成所谓的费米能级钉扎(Q_{FP}),从而大大降低了原来理论上的 0.59 V 的内建电场。这样,被压制了的内建电场非常不利于载流子的分离和传输。因此,如表 8.1 中所示,没有石墨烯薄膜的异质结结构(Al/Ag/ITO/SiO_x/Si/Al),由于受表面-界面态(晶格失配所导致)以及费米能级钉扎效应的影响,会大大削弱由势垒差所提供的开路电压,所得到的开路电压只有 0.23 V,从而导致其转换效率也是最差的,只有 1.53%。

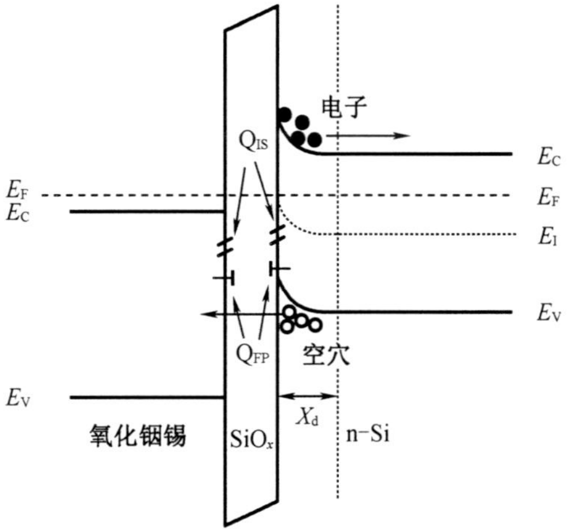

图 8.6　未加入石墨烯薄膜的异质结电池能带结构图

然而,如图 8.7 所示,对于另外 2 种有石墨烯薄膜的结构而言,在插入了一层单原子层的一维石墨烯薄膜后,在石墨烯这种特殊的二维柔性结构的过渡作用下,ITO 薄膜和 ITO 硅衬底界面的这种接触应力可以得到很好的释放,大大减少其表面的费米能级钉扎现象,使得界面处能带弯曲度得以恢复到一个较大数值,从而有效地增大内建电场,最终重新获得一个较高的开路电压。从另一方面来看,由公式:

$$V_{oc}=\frac{nKT}{q}\ln\left(\frac{I_L}{I_0}+1\right) \tag{8.2}$$

可以知道,开路电压的大小主要由饱和电流(I_0)来决定的。而从饱和电流密度的计算公式:

$$J_s=\frac{qD_n n_{p0}}{L_n}+\frac{qD_p p_{n0}}{L_p} \tag{8.3}$$

我们可以看到它主要是取决于扩散长度 L_n 和 L_p,而这两项又是与界面区域载流子的复合密切相关的。在有石墨烯薄膜层的异质结太阳能电池结构中,得益于石墨烯薄膜的这种近乎完美的特殊二维结构,可以提供一个更好的界面环境,很好地解决界面复合的问题。换句话说,这种单原子厚度层的引入非常有利于界面钝化减少界面态,进而减少复合损失,提高电子空穴对的收集。得益于以上两方面原因,插入了一层石墨烯薄膜结构的开路电压就由没有石墨烯薄膜结构的 0.23 V 增加到了 0.51 V,如表 8.1 中所示。而更高的短路电流和填充因子的获得也跟石墨烯薄膜的引入有密切关系。作为一种高度透明的准金属材料,石墨烯的插入可以大大促进光生电流的横向传输与提取。另一方面,短路电流和填充因子都在很大程度上受串联电阻的影响,而串联电阻又与载流子的迁移密切相关。而石墨烯具有很高的载流子迁移率(675.1 $cm^2/(V \cdot s)$),可以大大减小异质结器件的串联电阻,减少复合,从而提高短路电流和填充因子。因此,插入了石墨烯薄膜的异质结器件表现出了更高的短路电流和填充因子。综上所述,通过不同器件结构的对比分析,可以证实,将石墨烯薄膜加入 ITO 和晶硅中间作为缓冲层材料,可以改变其荷电状态,调节内部场,在 SIS 结构器件中起到更好的改性作用。

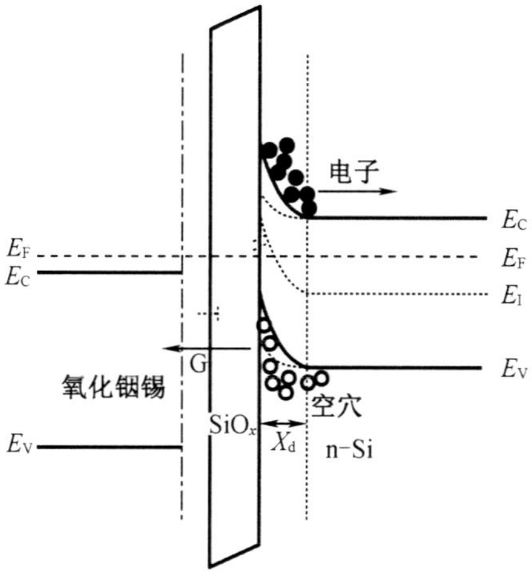

图 8.7　加入石墨烯薄膜后的异质结电池能带结构图

另外,对于石墨烯薄膜位于不同位置的两种异质结结构,通过对比发现二者也显示出了较大的差别,尤其是填充因子。将石墨烯薄膜置于 ITO 薄膜与硅衬底中间的有着 Al/Ag/ITO/G/SiO_x/Si/Al 结构的异质结电池显示出了更好的光伏特性。在这种结构中,一旦光生载流子在硅衬底与 ITO 薄膜的界面处产生后,就可以在石墨烯薄膜很高的载流子迁移率的帮助下更快、更及时的传输并导出。另一方面,石墨烯作为零带隙的多功能材料表现出了很好的 p 型半导体特性,可以作为空穴传输层和电子阻挡层,促进电荷载流子的分离与传输。因此,在没有过多阻碍的有利条件下,在异质结界面处产生的电子-空穴对可以被快速抽取出来,从而进一步提高短路电流和填充因子。同时,更高的填充因子也得益于较小的串联电阻和较大的并联电阻,这些因素也有助于其光电转换效率的提高。

8.6 本章小结

本章,我们结合了晶硅太阳能电池器件结构和碳基太阳能电池的优势,将石墨烯很好地耦合到 ITO/SiO_x/n-Si 异质结结构中,解决了界面态与费米能级钉扎的问题,大大改善了短路电流与开路电压,从而进一步提高了电池效率。而且通过不同器件结构的对比分析,我们着重探讨了石墨烯薄膜在 SIS 结构中的多重改性作用。结果表明,将石墨烯薄膜加入 ITO 和晶硅中间作为缓冲层材料,不仅可以减少界面态,提高载流子的传输与收集,还可以改变其荷电状态,调节内部场,在 SIS 结构器件中起到很好的改性作用。总的来讲,本章所讨论的这种碳硅异质结器件不仅结构简单,制作成本低廉,而且得到了很好的光伏特性,使得这项工作对基于石墨烯薄膜的光电器件的研究有着很大的参考价值,也展现出了巨大的开发潜力。

参考文献

[1] NOVOSELOV K S, FAL'KO V I, COLOMBO L, et al. A roadmap for graphene[J]. Nature, 2012, 490(7419): 192-200.

[2] GEIM A K, NOVOSELOV K S. The rise of graphene[J]. Nature materials, 2007, 6(3): 183-191.

[3] CHEN D, ZHANG H, LIU Y, et al. Graphene and its derivatives for the development of solar cells, photoelectrochemical, and photocatalytic applications[J]. Energy & environmental science, 2013, 6(5): 1362-1387.

[4] PUMERA M. Graphene in biosensing[J]. Materials today, 2011, 14(7/8): 308-315.

[5] LI X M, ZHU H W, WANG K L, et al. Graphene-on-silicon Schottky junction solar cells[J]. Advanced materials, 2010, 22(25): 2743-2748.

[6] LI X M, XIE D, PARK H, et al. Anomalous behaviors of graphene transparent conductors in graphene-silicon heterojunction solar cells[J]. Advanced

energy materials, 2013, 3(8): 1029-1034.

[7] CHOI Y Y, KANG S J, KIM H K, et al. Multilayer graphene films as transparent electrodes for organic photovoltaic devices[J]. Solar energy materials and solar cells, 2012, 96: 281-285.

[8] VERONESE G P, ALLEGREZZA M, CANINO M, et al. Graphene as transparent conducting layer for high temperature thin film device applications[J]. Solar energy materials and solar cells, 2015, 138: 35-40.

[9] SELOPAL G S, MILAN R, ORTOLANI L, et al. Graphene as transparent front contact for dye sensitized solar cells[J]. Solar energy materials and solar cells, 2015, 135: 99-105.

[10] DU H W, YANG J, LI Y H, et al. Preparation of ITO/SiO_x/n-Si solar cells with non-decline potential field and hole tunneling by magnetron sputtering[J]. Applied Physics Letters, 2015, 106(9): 093508.

[11] CHEN S M, GAO M, FANG X H, et al. Modifications and multiple roles of graphene film in SIS structural solar cells[J]. Solar energy, 2015, 122: 658-666.

[12] OW-YANG C W, SHIGESATO Y, PAINE D C. Interfacial stability of an indium tin oxide thin film deposited on Si and $Si_{0.85}Ge_{0.15}$[J]. 2000, 88(6): 3717-3724.

[13] GUO C X, GUAI G H, LI C M. Graphene based materials: Enhancing solar energy harvesting[J]. Advanced energy materials, 2011, 1(3): 448-452.

[14] GUERMOUNE A, CHARI T, POPESCU F, et al. Chemical vapor deposition synthesis of graphene on copper with methanol, ethanol, and propanol precursors[J]. Carbon, 2011, 49(13): 4204-4210.

[15] CHEN S M, GAO M, CAO R N, et al. Hydrogen-free synthesis of graphene-graphitic films directly on Si substrate by plasma enhanced chemical vapor deposition[J]. Journal of materials science: Materials in electronics, 2015, 26(3): 1485-1493.

[16] MATTEVI C, KIM H, CHHOWALLA M. A review of chemical vapour deposition of graphene on copper[J]. Journal of materials chemistry, 2011, 21(10): 3324-3334.

[17] CAI W, WANG C, FANG X H, et al. Synthesis and characterization of nitrogen-doped graphene films using C_5NCl_5[J]. Applied Physics Letters, 2015, 106(25): 253105.

[18] FERRARI A C, BASKO D M. Raman spectroscopy as a versatile tool for studying the properties of graphene[J]. Nature nanotechnology, 2013, 8(4): 235-246.

[19] TUINSTRA F, KOENIG J L. Raman spectrum of graphite[J]. The journal of chemical physics, 1970, 53(3): 1126-1130.

[20] FERRARI A C, MEYER J C, SCARDACI V, et al. Raman spectrum of graphene and graphene layers[J]. Physical review letters, 2006, 97(18): 187401.

[21] SCHEDIN F, LIDORIKIS E, LOMBARDO A, et al. Surface-enhanced Raman spectroscopy of graphene[J]. ACS nano, 2010, 4(10): 5617-5626.

[22] CHOI H, KIM H, HWANG S, et al. Dye-sensitized solar cells using graphene-based carbon nano composite as counter electrode[J]. Solar energy materials and solar cells, 2011, 95(1): 323-325.

[23] ZHU H W, WEI J Q, WANG K L, et al. Applications of carbon materials in photovoltaic solar cells[J]. Solar energy materials and solar cells, 2009, 93(9): 1461-1470.

[24] WEISS N O, ZHOU H L, LIAO L, et al. Graphene: An emerging electronic material (adv. mater. 43/2012)[J]. Advanced materials, 2012, 24(43): 5776.

[25] CASTRO NETO A H, GUINEA F, PERES N M R, et al. The electronic properties of graphene[J]. Reviews of modern physics, 2009, 81(1): 109-162.

[26] AREFINIA Z, ASGARI A. Optical and electrical modeling of solar cells based on graphene/Si nanowires with radial p - i - n junctions[J]. Solar energy materials and solar cells, 2015, 137: 146-153.

[27] SONG Y, LI X M, MACKIN C, et al. Role of interfacial oxide in high-efficiency graphene - silicon Schottky barrier solar cells[J]. Nano letters, 2015, 15(3): 2104-2110.

[28] BIAN J Y, ZHANG L P, GUO W W, et al. Improved passivation effect at

the amorphous/crystalline silicon interface due to ultrathin SiO_x layers pre-formed in chemical solutions [J]. Applied physics express, 2014, 7(6): 065504.

[29] SCHWIERZ F. Graphene transistors[J]. Nature nanotechnology, 2010, 5(7): 487-496.

[30] BERGER C, SONG Z M, LI T B, et al. Ultrathin epitaxial graphite: 2D electron gas properties and a route toward graphene-based nanoelectronics [J]. The journal of physical chemistry B, 2004, 108(52): 19912-19916.

第9章　石墨烯薄膜的改性及其对SIS结构太阳能电池光电性能的影响

9.1　引　　言

自从2014年被发现以来，得益于其特殊的结构和巨大的应用前景，石墨烯薄膜已经引发了科研工作者极大的研究热潮。石墨烯薄膜具有非常优异的光电性能，其光学透过率可达98%，载流子迁移率可达 $2\times10^{5}\ cm^{2}/(V\cdot S)$，理论方块电阻仅为31 Ω/sq。因此，石墨烯薄膜可以作为很好的窗口层和电极层材料应用于光电器件中。由上一章的研究，我们发现利用CVD方法生长出的单层石墨烯，通过PMMA辅助溶解基底转移法转移到表层有300 nm二氧化硅的硅片表面后，测得其方块电阻在400~900 Ω/sq，与理论值存在较大差距。而其载流子迁移率大多在 $10^{2}\sim10^{4}\ cm^{2}/(V\cdot s)$ 范围内，远不能达到理论值 $200\ 000\ cm^{2}/(V\cdot s)$，这是因为通过CVD生长的石墨烯为多晶，晶界处载流子的流动会受到阻碍，从而影响载流子迁移率，同时衬底对载流子同样存在着散射作用，使其不能达到理论值，这也导致了使用CVD方法制备的石墨烯方块电阻普遍偏大。而在石墨烯作为透明导电电极的应用中，方块电阻需要尽可能低。因此，为了提高石墨烯的导电性，本章采用掺杂的方式，通过改变载流子迁移率以及载流子浓度来改善石墨烯的导电性能。有两类方法可用于石墨烯的掺杂，其一为化学修饰法，即当石墨烯薄膜制备完成后，通过向石墨烯表面附加外带的化学试剂或者金属，为石墨烯提供电子或者空穴等载流子，同时因为这些化学试剂或者金属是属于依附在石墨烯表面，对石墨烯的载流子迁移率的影响不大，可以实现导电性的提高，降低其方块电阻。但是该方法所附加的载流子并不多，因此对电学性能的提高能力是有限的，且化学修饰会随时间消失，电学性能也会慢慢变差。另一种方法为晶格掺杂，是指将异质原子掺杂进石墨烯的六元环中,用以替换原本的碳原子。该异质原子可以为石墨烯薄膜提供电子或空穴等载流子,且提供载流子的量会随掺杂量的多少变化。实现晶格掺杂的方法是在生长过程中引入异质元素,从而实现掺杂。在已有研究中,被用于实现石墨烯晶格掺杂的元素主要包括氮元素和硼元素。在本章中,我们进行了针对石墨烯薄膜的掺杂改性方面的研究与探讨,采用原子替换的方式,试图通过掺杂改变石墨烯薄膜的导电性,并希望以此进一步提升基于掺杂石墨烯薄膜的碳硅异质结太阳能电池的光电性能。

9.2　实验方法

9.2.1　掺氮石墨烯薄膜的制备与转移

本章采用两步法生长氮掺杂石墨烯薄膜,具体的流程如图 9.1 所示。首先在低温条件下,使用固态五氯吡啶作为碳氮源,在铜箔表面沉积一层氮掺杂石墨烯的前驱体。随后在高温条件下,使氮掺杂石墨烯的前驱体结晶,同时,引入甲烷作为第二碳源来填充空隙,从而实现掺氮石墨烯薄膜的制备。

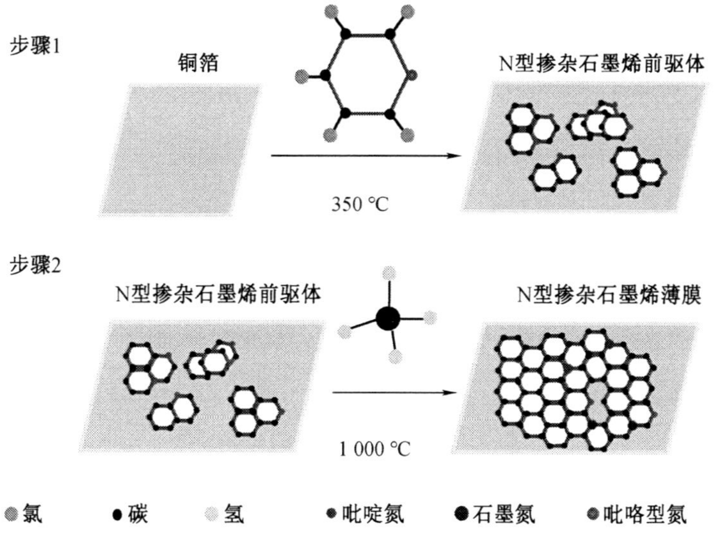

图 9.1　两步法生长氮掺杂石墨烯薄膜的示意图

第一步的具体操作步骤如下:

(1)将原始铜箔裁剪成需要的形状通过电化学抛光处理后置于管式炉生长区,同时称量一定量的五氯吡啶粉末置于石英舟中并放置到管式炉源区。

(2)将管式炉系统使用机械泵抽至低压,通入氢气在形成保护气氛的同时作为载气携带五氯吡啶至生长区域。

(3)分别加热源区以及生长区,源区温度为 80 ℃,生长区温度为 350 ℃,从而实现五氯吡啶的挥发以及在铜箔表面的沉积,源区和生长区温度保持 30 min 实现前期生长。

(4)等温度下降后取出样品备用,所获得沉积与铜箔表面的物质称为氮掺杂石墨烯前驱体。

第二步的具体操作步骤如下:

(1)将前一步骤中获得的铜箔氮掺杂石墨烯前驱体置于管式炉中。

(2)使用机械泵将管式炉系统抽至低压,并通入氢气控制其气体流量为 50 sccm。

(3)将管式炉系统加热至 1 000 ℃,并通入甲烷控制其气体流量为 0.2 sccm,持续 10 min。

(4)生长结束后关掉管式炉系统、气路系统并待温度降至室温后取出样品待用。

9.2.2 碳硅异质结器件的制备

为了深入分析掺氮石墨烯薄膜在太阳能电池中所起的作用及其性能,本章节的实验中我们同样设计了 3 种结构的异质结光电器件:

(1)没有加入石墨烯薄膜的 ITO/Si 结构异质结太阳能电池。

(2)加入了一层未掺杂石墨烯薄膜的 G/ITO/Si 结构异质结电池。

(3)加入了一层掺氮石墨烯薄膜的 G(d)/ITO/Si 结构异质结电池。

首先,将太阳能级单晶硅衬底(Si (100) 掺杂浓度:$1.5\sim3\times10^{16}\ cm^{-3}$)用 RCA 标准清洗工艺进行清洗。对于第一种结构电池,我们首先采用磁控溅射工艺在硅衬底上溅射一层厚度约为 80 nm 的 ITO 薄膜。而对于第二和第三种结构电池,我们在进行第一种结构器件的相同工艺处理后,再分别在 ITO 薄膜上面转移一层未掺杂的石墨烯薄膜和掺氮的石墨烯薄膜。此处转移石墨烯薄膜所用的转移方法与上一章节的 PMMA 辅助转移法一样。最后,这 3 种结构的电极制作方法一样：在硅衬底的另外一面用真空蒸发的方法蒸镀一层 1~2 μm 的金属铝，以形成欧姆接触作为背电极。而作为前电极，我们同样用真空蒸发的方法分别蒸镀 100 nm 厚的银和 1 μm 厚的铝的栅电极。

9.3　掺杂石墨烯的结构及光电特性

为了对上述两步法生长掺氮石墨烯薄膜的生长机理示意图进行进一步验证，我们对不同阶段所获得的薄膜表面的原子显微结构进行了表征，如图 9.2 所示。图 9.2 (a)展示的是进行了第一步处理后得到的石墨烯前驱体的 AFM 结构图，从图中可以看出此时得到的薄膜显现出的石墨烯层状结构非常少，它表面更多的是一些上上下下高低不平的层状碎片，其平均高度差在 2 nm 左右。这意味着五氯吡啶化合物并未能很好的以单层结构形式展开来，而是以无定形态的形式随机堆叠到了一起。而在进行了第二步甲烷生长处理之后所得到的薄膜的 AFM 图则可以看到一层非常均匀的薄膜，其平均高度差不超过 1 nm，如图 9.2 (b)所示。也就是说，所得到的掺氮石墨烯薄膜的连续性和均匀性都非常好，起伏很小。由此可见，通过完整的两步法生长获得的掺氮石墨烯薄膜其薄膜形貌和结构性质都要更完善。

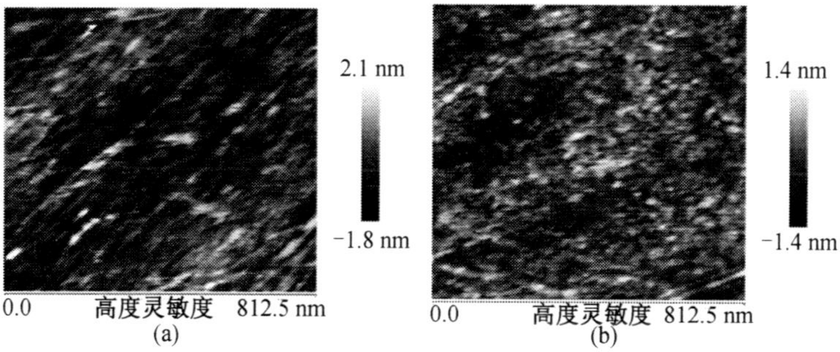

图 9.2　两步法掺氮石墨烯不同阶段石墨烯薄膜表面原子力显微结构图

X 射线光电子能谱(XPS)是分析研究材料薄膜组分以及化学态等重要信息的强有力工具，在对掺氮石墨烯薄膜结构及组分的研究中，我们将所获得的样品转移到了覆盖了 300 nm 二氧化硅层的硅片上并进行了 XPS 的表征，其结果如图 9.3 所示。其中图 9.3(a)是能谱全谱图，而图 9.3(b)与图 9.3(c)分别表示C峰以及N峰经过分峰处理后的数据,即C1s和N1s的单峰图。在全谱图上,表示C的位于282~286 eV的峰最强,说明材料主要是以碳元素为主。而表示N的位于396~403 eV的峰相对弱一点,说明在所制备的薄膜中也含有一定量的N元素。位于529~537 eV的O1s的峰也比较明显,应该是测量时样品表面吸附了大气中的氧气所致。另外,全谱图中的Si2p和SiO_2的峰可以归因于Si-SiO_2衬底的信号。通过进一步的测量和分析,用不同颜色表示出了两种元素C1s和N1s分峰拟合之后的结果,如图9.3(b)与图9.3(c)所示。其中图9.3(b)中所显示的C元素的分峰中,位于283.5 eV位置的最强峰为sp^2型碳键,说明了所制备的材料中以石墨烯的基本六元环结构占主导地位。而位于287.2 eV处有一个纯石墨烯中并不存在的峰,它可以被认定为C=N键,这一点也进一步论证了碳六元环中氮原子的插入。从图9.3(c)中N元素的分峰拟合结果图中,我们可以得到位于398.3 eV的吡咯化N键、位于400.8 eV的吡啶化N键以及位于401.7 eV的石墨化N键。这同样进一步说明了N元素在石墨烯薄膜中的存在,且以石墨化的氮键为主。而吡咯化N键与吡啶化N键的存在也印证了为什么会在石墨烯的拉曼光谱中出现D峰。除了以上信息,从图中各峰的面积比也可以得到氮掺杂石墨烯中含氮量,为2.5%~4%。

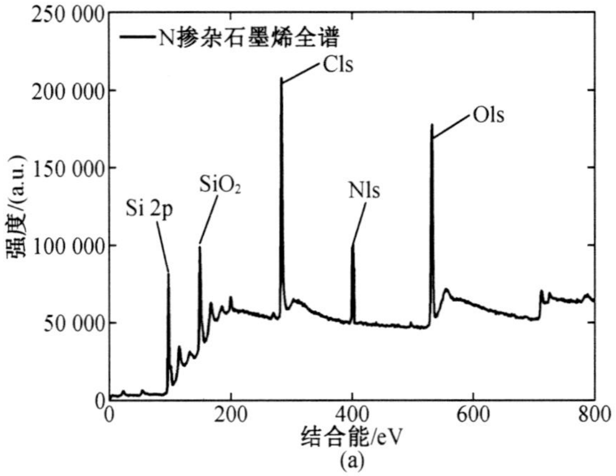

图9.3 掺氮石墨烯的XPS能谱图及掺氮与未掺杂石墨烯拉曼对比图

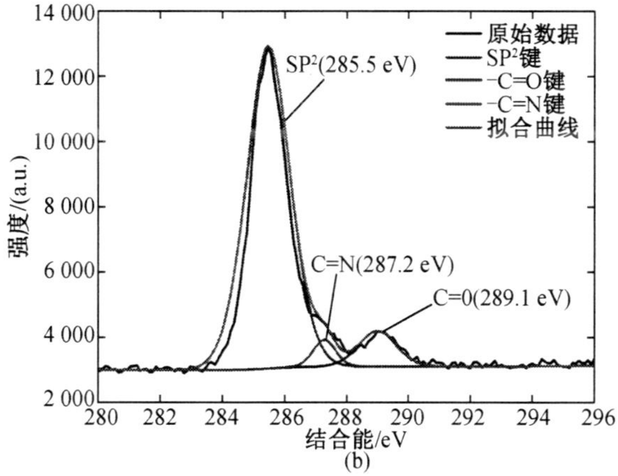

(b)

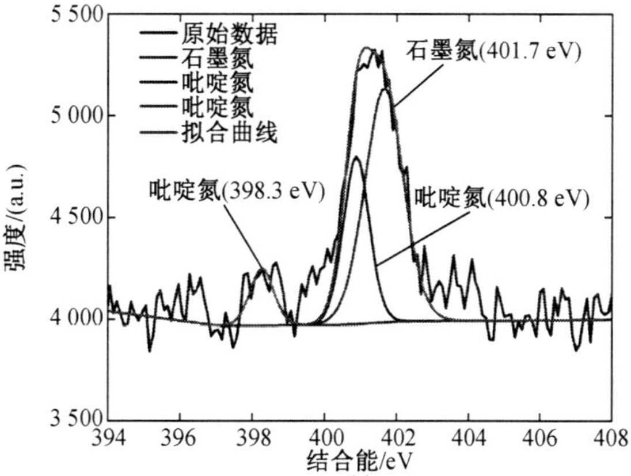

(c)

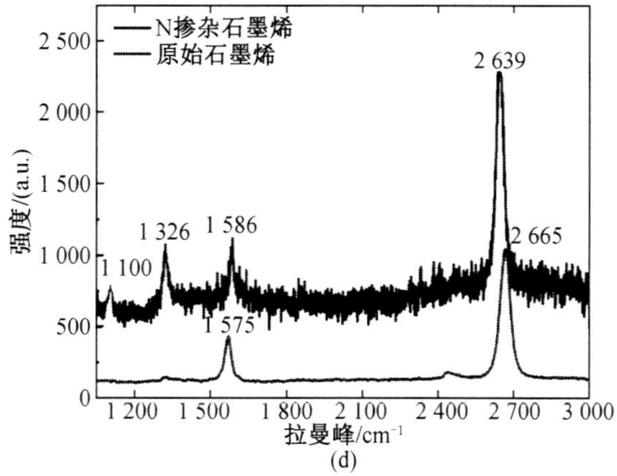

(d)

图 9.3(续)

拉曼光谱测量被广泛应用于鉴别碳相关材料的成键形态及结构，图 9.3(d)展示出了对未掺杂石墨烯和掺氮石墨烯薄膜转移到 SiO_2/Si 衬底上后进行拉曼光谱表征的对比结果。从红色的拉曼曲线我们可以看到,未掺杂的石墨烯薄膜表现出了很好的石墨烯拉曼光谱性质,两个特征峰(位于 1 575 cm^{-1} 处的"G 峰" 和位于 2 665 cm^{-1} 处的"2D 峰")非常明显。通过拟合 G 峰和 2D 峰的强度(I_G/I_{2D}),我们可以推断出所得的石墨烯薄膜为单层或双层。相比于未掺氮石墨烯而言,掺氮石墨烯薄膜的拉曼光谱有了明显的变化。如图中黑色曲线所示,掺氮石墨烯有 4 个拉曼特征峰,比未掺杂石墨烯多 2 个。在位于 1 326 cm^{-1} 处多了一个由缺陷诱导的"D 峰",此峰产生的主要原因是:氮原子的插入会带来吡咯化氮、吡啶化氮以及石墨化氮的形成(如图 9.1 掺氮石墨烯形成的原理图所示),而吡咯化氮键和吡啶化氮键与石墨烯的碳原子六元环结构是不同的,因此它们就从 D 峰中以缺陷的形式展示出来了。值得说明的是虽然 D 峰存在,但是并不高,说明所制备氮掺杂石墨烯的质量还是较高的。另外,掺杂石墨烯的 G 峰相对于未掺杂石墨烯的 G 峰有 11 cm^{-1} 的轻微上移(从 1 575 cm^{-1} 到 1 586 cm^{-1}),而 2D 峰有 26 cm^{-1} 的下移(从 2 665 cm^{-1} 到 2 639 cm^{-1})。这种偏移应该是由晶粒尺寸效应引起的,也就是说此时大的单层石墨烯单晶的尺寸可能已经被缺陷所打断。通过计算可知,氮掺杂制备的石墨烯薄膜其拉曼光谱中 G 峰与 2D 峰的比值大小约为 0.3,说明所获得石墨烯的层数为单层,且均一性较好。除此之外,2D 峰的半峰宽在 30 cm^{-1} 左右,同样证明了所获得氮掺杂石墨烯为单层。另外,位于 1 100 cm^{-1} 处的峰也验证了 C-N 键的存在。综上所述可以知道,通过此种方法所获得物质为含氮量为 2.5%~4%的掺氮单层石墨烯薄膜。

为了进一步探究该方法所制备掺杂石墨烯的电学和光学性质,我们用霍尔效应系统对电阻率、迁移率、体浓度等参量进行了测量,其具体参数见表 9.1。通过对比这两组数据发现,所制备的氮掺杂石墨烯薄膜的载流子迁移率为 521.8 $cm^2/(V \cdot s)$,载流子浓度为负值。而与此同时,纯石墨烯薄膜的载流子迁移率为 675.1 $cm^2/(V \cdot s)$,载流子迁移率为正值。这说明因为氮原子的进入使得所制备的氮掺杂石墨烯薄膜从 p 型半导体转变为 n 型半导体。值得注意的是,掺氮的石墨烯薄膜其电阻变低了($7.26\times10^{-6}\ \Omega \cdot cm$) 但是迁移率变小了(521.8 $cm^2/(V \cdot s)$)。我们认为这是因为氮原子的进入能够为石墨烯提供更多的电子作为载流子,从而可以有助于薄膜材料转变成 n 型半导体材料,同时也能够提高整个薄膜的载流子浓度。但与此同时,氮原子相对于碳原子原子半径更大,晶界处载流子的流动会受到阻碍,从而影响石墨烯薄膜的载流子迁移率。也就是说在石墨烯薄膜中，异质元素的进入对其导电性的影响是双重的。

表 9.1　掺氮和未掺杂石墨烯薄膜的电学参数对比表

样品	厚度 /nm	导电类型	体浓度 /cm^{-3}	迁移率 /(cm^2/(V·s))	电阻率 /Ω·cm
未掺杂石墨烯	0.2	p	6.25×10^{20}	675.1	1.48×10^{-5}
掺氮石墨烯	0.2	n	4.79×10^{22}	521.8	7.26×10^{-6}

9.4　掺杂石墨烯对 SIS 结构太阳能电池光电性能的影响

为了研究掺氮石墨烯薄膜对碳硅异质结器件光电性能的影响，本实验设计了 3 种器件结构（详见实验部分）以进行对比研究。图 9.4 给出了 3 种不同结构异质结器件（有效面积 0.75 cm^2）在光照下所对应的 $I-V$ 曲线图（在 AM 1.5 条件下测得），其具体的光伏特性参数如表 9.2 中所列。从 $I-V$ 曲线图中我们可以看到，三种结构的太阳能电池都表现出了很好的光伏特性（图中插图为部分区域放大图）。从表中我们可以发现加入了掺氮石墨烯薄膜的 Al/Ag/G(d)/ITO/Si/Al 结构的太阳能电池光电转化效率最高，其开路电压（V_{oc}）为 0.49 V，短路电流（J_{sc}）为 35.63 mA/cm^2，填充因子（FF）为 35.67%，转换效率（η）为 6.24%。比较 3 种结构太阳能电池可发现，有石墨烯薄膜的太阳能电池在各项光伏参数上都要明显好于没有加入石墨烯薄膜的太阳能电池。这是因为石墨烯薄膜不仅可以作为半透明的上电极利于光的吸收，而且可以作为功能层材料促进电子–空穴对的分离与传输。因此，我们有理由相信，在有石墨烯薄膜的器件中，石墨烯薄膜起到了多重作用，因而提高了器件的光伏性能。另外，通过对比两种都有石墨烯薄膜结构的太阳能电池，我们也发现了较大差别，尤其是短路电流和填充因子。加入了掺氮石墨烯结构的太阳能电池比加入未掺杂石墨烯薄膜结构的太阳能电池表现出了更好的光伏特性。当石墨烯薄膜掺入氮原子以后，其电阻率变低，将更有利于电流的传导与输出。因此，在异质结界面处产生的载流子由于没有更多的阻碍，可以被快速地抽取出来，因而可以进一步提高短路电流和填充因子,最终提高电池的转换效率。

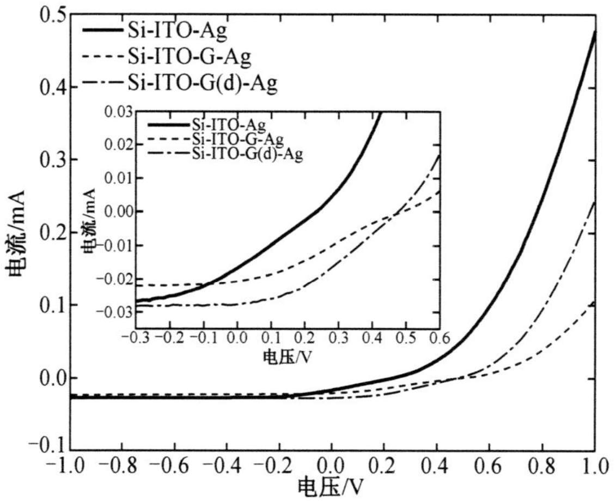

图 9.4 不同结构 SIS 器件光照下的 *I*–*V* 曲线图

表 9.2 不同结构 SIS 器件的光伏特性参数表

器件结构	V_{oc} /V	J_{sc} /(mA/cm^2)	FF /%	E_{ff} /%
Al/Ag/ITO/Si/Al	0.23	22.32	25.88	1.33
Al/Ag/G/ITO/Si/Al	0.50	32.76	29.32	4.80
Al/Ag/G(d)/ITO/Si/Al	0.49	35.63	35.67	6.24

上面的分析还可以通过如图 9.5 所示的不同器件结构的外量子效率对比图来加以验证。从图中我们可以看到,加入了石墨烯薄膜的碳硅异质结器件在整个光谱范围内的响应都要明显好于没有加入石墨烯薄膜层的太阳能电池,其外量子效率值在整个光谱范围内都要比没有石墨烯薄膜的器件高出 20%左右。没有石墨烯薄膜的 Al/Ag/ITO/Si/Al 结构异质结器件在大部分光谱范围内其外量子效率都只能达到 30%~70%,而我们知道,外量子效率的大小决定着短路电流的大小,这就意味着只有较少的光子可以为短路电流做贡献。因此,没有石墨烯薄膜的异质结器件所得到的短路电流最小(J_{sc}为 22.32 mA/cm^2)。而对于加入了不同石墨烯薄膜的电池结构,两组数据的趋势基本一致。只不过,插入的是掺氮石墨烯薄膜的器件表现出了略微的优势,其外量子效率在整个光谱范

围内都要稍微高于加入未掺杂石墨烯薄膜结构的电池。因此,加入掺氮石墨烯薄膜的太阳能电池的短路电流最高,达到了 35.67 mA/cm^2。

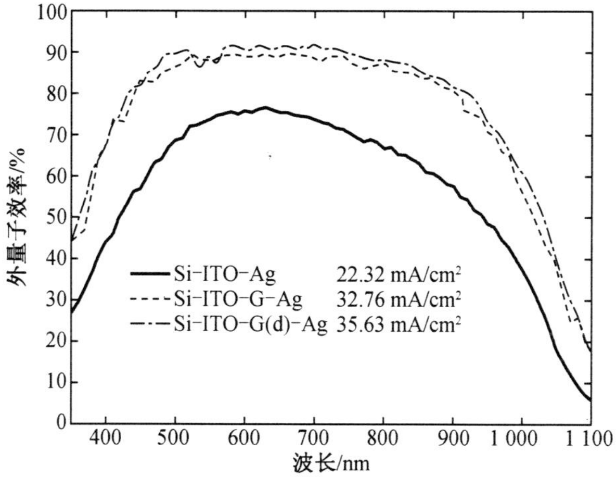

图 9.5　不同结构 SIS 器件的外量子效率对比图

9.5　本章小结

在本章中,我们重点进行了石墨烯薄膜晶格掺杂方面的研究与探讨。通过两步法以五氯吡啶和甲烷为源气体成功的制备了以氮原子为异质原子的氮掺杂石墨烯薄膜,该薄膜表现出明显的 n 型半导体性能,载流子迁移率为 521.8 $cm^2/(V\cdot s)$,同时成功地将石墨烯的电阻率降到了 $7.26\times10^{-6}\ \Omega\cdot cm$。通过研究掺氮石墨烯薄膜的结构及光电性质,我们发现在石墨烯薄膜中,异质元素的进入对其导电性的影响是双重的,氮原子的插入能够为石墨烯提供更多的电子提高薄膜的载流子浓度,同时,氮原子的引入也会影响石墨烯薄膜的载流子迁移率。总而言之,本章中,我们采用晶格替换的方式,成功地实现了石墨烯的晶格掺杂。通过改变载流子迁移率以及载流子浓度来改善石墨烯的导电性能,并使其很好地应用于器件的制备及性能改善,尤其适用于光电器件的电极层材料。

参 考 文 献

[1] NOVOSELOV K S, FAL'KO V I, COLOMBO L, et al. A roadmap for graphene[J]. Nature, 2012, 490(7419): 192-200.

[2] BONACCORSO F, SUN Z, HASAN T, et al. Graphene photonics and optoelectronics[J]. Nature photonics, 2010, 4: 611-622.

[3] CHEN S M, GAO M, FANG X H, et al. Modifications and multiple roles of graphene film in SIS structural solar cells[J]. Solar energy, 2015, 122: 658-666.

[4] WEISS N O, ZHOU H L, LIAO L, et al. Graphene: An emerging electronic material[J]. Advanced materials, 2012, 24(43): 5776.

[5] CASTRO NETO A H, GUINEA F, PERES N M R, et al. The electronic properties of graphene[J]. Reviews of modern physics, 2009, 81(1): 109-162.

[6] VERONESE G P, ALLEGREZZA M, CANINO M, et al. Graphene as transparent conducting layer for high temperature thin film device applications[J]. Solar energy materials and solar cells, 2015, 138: 35-40.

[7] CAI W, WANG C, FANG X H, et al. Synthesis and characterization of nitrogen-doped graphene films using C_5NCl_5[J]. Applied Physics Letters, 2015, 106(25): 253105.

[8] MIAO X C, TONGAY S, PETTERSON M K, et al. High efficiency graphene solar cells by chemical doping[J]. Nano letters, 2012, 12(6): 2745-2750.

[9] XUE Y Z, WU B, JIANG L, et al. Low temperature growth of highly nitrogen-doped single crystal graphene arrays by chemical vapor deposition[J]. Journal of the American chemical society, 2012, 134(27): 11060-11063.

[10] GUERMOUNE A, CHARI T, POPESCU F, et al. Chemical vapor deposition synthesis of graphene on copper with methanol, ethanol, and propanol precursors[J]. Carbon, 2011, 49(13): 4204-4210.

[11] LU Y F, LO S T, LIN J C, et al. Nitrogen-doped graphene sheets grown by chemical vapor deposition: Synthesis and influence of nitrogen impurities on

carrier transport[J]. ACS nano, 2013, 7(8): 6522-6532.

[12] LI X M, XIE D, PARK H, et al. Anomalous behaviors of graphene transparent conductors in graphene-silicon heterojunction solar cells[J]. Advanced energy materials, 2013, 3(8): 1029-1034.

[13] LI X, FAN L L, LI Z, et al. Boron doping of graphene for graphene-silicon p-n junction solar cells[J]. Advanced energy materials, 2012, 2(4): 425-429.

[14] BRIGGS D, SEAH M. Practical surface analysis: By auger and X-ray photoelectron spectroscopy[M]. Chichester: John Wiley &Sons 1983.

[15] SHARIFI T, NITZE F, BARZEGAR H R, et al. Nitrogen doped multi walled carbon nanotubes produced by CVD-correlating XPS and Raman spectroscopy for the study of nitrogen inclusion[J]. Carbon, 2012, 50(10): 3535-3541.

[16] LEUNG T Y, MAN W F, LIM P K, et al. Determination of the sp^3/sp^2 ratio of a-C: H by XPS and XAES[J]. Journal of non-crystalline solids, 1999, 254(1/2/3): 156-160.

[17] TUINSTRA F, KOENIG J L. Raman spectrum of graphite[J]. The journal of chemical physics, 1970, 53(3): 1126-1130.

[18] FERRARI A C, MEYER J C, SCARDACI V, et al. Raman spectrum of graphene and graphene layers[J]. Physical review letters, 2006, 97(18): 187401.

[19] FERRARI A C, BASKO D M. Raman spectroscopy as a versatile tool for studying the properties of graphene[J]. Nature nanotechnology, 2013, 8(4): 235-246.

[20] LU Y H, ZHANG F, ZHANG T F, et al. Synthesis and supercapacitor performance studies of N-doped graphene materials using o-phenylenediamine as the double-N precursor[J]. Carbon, 2013, 63: 508-516.

[21] RAMUZ M P, VOSGUERITCHIAN M, WEI P, et al. Evaluation of solution-processable carbon-based electrodes for all-carbon solar cells[J]. ACS nano, 2012, 6(11): 10384-10395.

[22] SELOPAL G S, MILAN R, ORTOLANI L, et al. Graphene as transparent front contact for dye sensitized solar cells[J]. Solar energy materials and so-

lar cells, 2015, 135: 99-105.

[23] GUO C X, GUAI G H, LI C M. Graphene based materials: Enhancing solar energy harvesting[J]. Advanced energy materials, 2011, 1(3): 448-452.

[24] LI X M, ZHU H W, WANG K L, et al. Graphene-on-silicon Schottky junction solar cells[J]. Advanced materials, 2010, 22(25): 2743-2748.

[25] CHEN S M, GAO M, CAO R N, et al. Hydrogen-free synthesis of graphene-graphitic films directly on Si substrate by plasma enhanced chemical vapor deposition[J]. Journal of materials science: Materials in electronics, 2015, 26(3): 1485-1493.

第 10 章　结论与展望

10.1　结　　论

本书以二维碳基薄膜为研究对象,主要进行了 3 个方面的工作：一是等离子体化学气相沉积碳薄膜材料及其机理研究;二是高质量石墨烯薄膜的制备及其在 SIS 结构异质结光电器件中的应用;三是对石墨烯薄膜的掺杂改性以及其对太阳能电池性能的改善作用研究。首先,我们通过 PECVD 方法在不同的条件下制备得到了不同结构、性能的碳薄膜材料,研究了影响 PECVD 方法沉积二维碳材料石墨烯薄膜的主要因素,从热力学和动力学角度探讨了 PECVD 沉积碳薄膜的理论机理。随后,我们又进行了石墨烯薄膜及其异质结器件的制备,并深入研究了石墨烯薄膜的光电性能及其在光电器件中的应用。最后,我们又进一步对石墨烯薄膜进行了改性研究,通过掺杂的方式进一步改善了石墨烯薄膜的光电特性,提升了基于掺杂石墨烯薄膜的太阳能电池的光电性能。概括起来,主要包含以下几个方面：

(1)利用 PECVD 方法以甲烷为源气体在不同的衬底上制备出了一系列的碳材料,用所沉积的碳材料制备了相应的碳硅异质结器件并进行了光电性能的表征。结果表明,可以通过调节不同的沉积条件来可控地获得不同结构、形貌和功能需求的碳材料,并且这些碳材料表现出了一定的光电特性。这样,我们可以可控地实现在没有氢气且衬底温度相对较低(300 ℃)的条件下直接在硅衬底上沉积得到石墨烯薄膜。而直接在硅衬底上沉积石墨烯薄膜可以减少在器件制备过程中由于复杂的转移步骤所引起的污染和损伤问题,有效地简化工艺流程,降低成本。

(2)研究了影响 PECVD 方法生长碳薄膜材料的各种因素,包括沉积压强、沉积功率、沉积时间、气体流量、衬底温度、衬底的表面形貌以及催化剂等。结果表明,沉积温度的高低会直接影响所生长碳材料的结构和成键形态,进而决定异质结器件的本质,影响器件的光电特性。而时间的增加给材料带来的是由量变到质变的影响。沉积时间对 PECVD 生长碳材料的影响更多地表现于对薄膜层数和结构的影响。衬底的形貌也对碳薄膜材料的沉积和生长都有着非常重要的影响,表面太光滑或者太粗糙的衬底都不利于石墨烯薄膜的生长。一个粗糙度适中的表面既能帮助碳薄膜迅速形成成核中心,同时又能抑制它的过度成核和往垂直方向的堆叠生长。

(3)固相碳材料的化学气相沉积都是复杂的气相化学反应和表面化学反应同时进行的过程。化学气相沉积法生长二维碳薄膜的机理会因为其生长条件的不同而呈现不同程度的差异,但其总的热力学和动力学基本原理是相同的。反应条件和参数决定其反应途径(实现性)和机理的不同,但其总的热力学现实性是一定的。具体而言在本试验中,甲烷的分解主要由热力学因素决定,随后碳氢自由基的气相反应则主要取决于反应动力学因素。最后,石墨烯的成核与生长则由衬底形貌、沉积温度等热力学和动力学因素同时决定。而要想高效、可控地制备不同结构性能的低维碳薄膜材料,只需调节诸如温度、压强、气体浓度等动力学因素来控制反应的路径与速率即可。

(4)成功地以甲烷为碳源在铜箔衬底上使用 CVD 方法制备出了大面积、低缺陷的单层石墨烯薄膜,所制备的薄膜具有透过率高、导电性较好等特点。同时,我们结合了晶硅太阳能电池器件结构和碳基太阳能电池的优势,将石墨烯很好的耦合到 ITO/SiO_x/n-Si heterojunction 结构中,解决了界面态与费米能级钉扎的问题,大大改善了短路电流与开路电压,从而进一步提高了电池效率。而且通过不同器件结构的对比分析,我们着重探讨了石墨烯薄膜在 SIS 结构中的改性与多重作用。结果表明,将石墨烯薄膜加入 ITO 和晶硅中间作为缓冲层材料,可以改变其荷电状态,调节内部场,在 SIS 结构器件中起到更好的改性作用。

(5)进行了石墨烯薄膜的晶格掺杂方面的研究与探讨,采用晶格替换的方式,成功的实现了石墨烯的晶格掺杂。通过两步法以五氯吡啶和甲烷为源气体成功地制备了以氮原子为异质原子的氮掺杂石墨烯薄膜,该薄膜表现出明显的 n 型半导体性能,载流子迁移率为 521.8 $cm^2/(V \cdot s)$,同时成功地将石墨烯的电阻率降到了 $7.26\times10^{-6}\ \Omega \cdot cm$。通过研究掺氮石墨烯薄膜的结构及光电性质,我们发现在石墨烯薄膜中,异质元素的进入对其导电性的影响是双重的,氮原子的插入能够为石墨烯提供更多的电子提高薄膜的载流子浓度，同时，氮原子的引入也会影响石墨烯薄膜的载流子迁移率和导电类型。

本书旨在从实验和理论上对新型功能薄膜材料（石墨烯）的制备、表征、生长机理、器件性能、工艺技术等方面进行探索和研究，探讨了新型功能材料的引入对改善器件光电性能的作用。采用了适当的热力学和动力学方法分析了 PECVD 沉积二维碳薄膜的机理，设计了具有针对性的实验方法，提出了试验和理论上的解决方案，优化了器件结构，改善了器件性能。为光电器件的新原理、新技术的探索提供了理论和实验依据。

10.2　展　　望

本书从当前碳薄膜材料的制备与应用中存在的问题入手，在碳薄膜材料的可控性制备、相应的异质结器件的制备与表征以及其生长机理方面进行了较为深入的研究。在此基础上又成功制备了高质量的单层石墨烯薄膜并将其很好地应用于异质结光电器件中，取得了一定的效果，然而，在研究过程中仍然存在一定的问题需要进一步深入与扩充：

（1）更大面积连续性石墨烯薄膜的制备。虽然本书中我们在比较有特色的条件下制备得到了不同结构和性能的碳材料，但所得到的碳材料质量较差，薄膜均匀性不好，导致其所制备的光电器件性能不高。所以接下来，我们还需要在已有的理论机理的指导下继续小范围的调节沉积参数，力图让所沉积的碳材料连续性更好，面积更大，光电性能更好。

（2）石墨烯薄膜的改性与光电性能的改善有待进一步加强。目前，通过晶格掺杂得到的掺杂石墨烯薄膜虽然电阻率有所下降但同时载流子迁移率也受到负面影响而下降了，仍然没能实现高度有序的掺杂，尚需进一步通过采用别的改性方法（如优化石墨烯转移方法、化学修饰掺杂等）或者优化晶格掺杂工艺和参数以期达到提高迁移率和进一步降低方块电阻等预期目标。

（3）更高效率、更低成本的全碳太阳能电池的制备。本书所制备的异质结电池仍然是以硅为衬底的，是从硅基电池向全碳太阳能电池的一个过渡，有了这个基础，再去进行全碳太阳能电池的制备就理所应当了。另外，电池效率的提高除了需要高效的功能材料，器件的制备工艺中的细节及优化也是至关重要的。比如如何减少或避免石墨烯薄膜转移过程中杂质的引入以及质量的劣化,如何进行更好的表面结构和钝化,如何优化器件结构等。

(4)PECVD 生长石墨烯薄膜的生长机理的定量理论计算。在本书的探讨研究中,我们从热力学和动力学角度对 PECVD 沉积碳材料的生长机理进行了理论上的研究,但我们目前的分析也只是根据实验结果和热力学、动力学基本知识做了一些半定量的分析和说明,仍然未能完全定量化的进行计算推导,存在一定局限性,这也应该作为下一步研究的重点。

附　录　A

• 常用物理常数表(表 A1)

表 A1　常用物理常数表

常数名称	符号	常数数值	单位
光速(真空中)	c	$2.997\ 924\ 58\times10^{8}$	m/s
万有引力常数	G	$6.674\ 30\times10^{-11}$	$m^3/(kg\cdot s^2)$
真空磁导率	μ_0	$1.256\ 637\ 062\ 12\times10^{-6}$	H/m
真空介电常数	ε_0	$8.854\ 187\ 812\ 8\times10^{-12}$	F/m
元电荷	e	$1.602\ 177\ 33\times10^{-19}$	C
静电力常量	k_e	$8.987\ 551\ 792\ 3\times10^{9}$	$(N\cdot m^2)/c^2$
玻耳兹曼常数	k_B	$1.380\ 658\times10^{-23}$	J/K
普朗克常量	h	$6.626\ 075\ 5\times10^{-34}$	J · s
约化普朗克常量	$\hbar$	$1.054\ 572\ 66\times10^{-34}$	J · s
阿伏加德罗常数	N_A	$6.022\ 136\ 7\times10^{23}$	mol^{-1}
摩尔气体常数	R	8.314 510	J/(mol · k)
瑞利常数	R_∞	$1.097\ 373\ 156\ 741\ 6\times10^{7}$	/m
质子质量	m_p	$1.672\ 621\ 623\ 1\times10^{-27}$	kg
中子质量	m_n	$1.674\ 928\ 6\times10^{-27}$	kg
电子质量	m_e	$9.109\ 389\ 7\times10^{-31}$	kg
硅的带隙		1.1	eV
砷化镓的带隙		1.43	eV
硫化镉的带隙		2.4	eV
硅的晶格常数(25 ℃)		5.431	Å

表 A1(续)

常数名称	符号	常数数值	单位
砷化镓的晶格常数(25 ℃)		5.653	Å
硅的介电常数		11.88	
砷化镓的介电常数		13.19	
硅的电子迁移率		1 350	$cm^2/(V \cdot s)$
硅的空穴迁移率		480	$cm^2/(V \cdot s)$
砷化镓的电子迁移率		8 500	$cm^2/(V \cdot s)$
砷化镓的空穴迁移率		400	$cm^2/(V \cdot s)$
硫化镉的电子迁移率		100~2 000	$cm^2/(V \cdot s)$
碳化硅的带隙		3.25~3.35	eV
磷化铟的带隙		1.35	eV

• 主要材料参数数据库

(1)国内数据库

晓材 Matmole:高质量科学知识数据库,数据覆盖面全,种类丰富,包括金属材料、无机非金属材料、高分子、纳米、晶体、焊材、材料性能、相图、腐蚀、表面处理等领域的相关数据。

国家材料科学数据共享网:汇集了全国 30 余家科研单位的材料科学数据,包括有色金属材料、有机高分子材料和能源材料等超过 60 万条数据。

材料学科领域基础科学数据库:拥有金属材料数据 6 万余条和无机非金属材料数据 1 万余条,涵盖材料的热学、力学和电学等各种性能。

(2)国外数据库

Materials Project:由劳伦斯伯克利国家实验室和麻省理工学院共同开发维护,包含超过 1 亿个化合物的材料数据,涵盖元素、晶体结构、能带结构、密度、形变、热力学等方面的信息。

MatWeb:免费公开的材料数据库,拥有超过 14 万种材料的性能数据,涵盖金属、塑料、陶瓷和化合物。数据主要源自制造商产品检验、数据手册或专业协会,还具备 ANSYS、Solid Works 等 CAD/CAM 软件的数据输出功能。

MatNavi:由日本国立材料科学研究院(NIMS)组建,拥有超 25 万的包括

Polymer DB、Inorganic Material DB、Metallic Material DB 和计算电子结构等数据，提供复合设计和特性预测系统之类的应用程序。

Total Materia：收录超过 80 个国家及国际标准和 700 个生产商的约 35 万种金属材料和 19 万种非金属材料，包含 1 000 万条性能数据和 23.2 万个图表，涉及金属和非金属材料的多种性能。